高等职业教育系列教材

机器人技术应用

主编　赵鹏举　谢光辉

参编　杨玉平　李书阁　王伟强　林远长

U0280554

机械工业出版社

本书以机器人行业的岗位需求和人才必备技能为主线，讲解了机器人技术及相关知识，通过优化知识体系结构，培养学生具备理论和实践相结合解决问题的能力，提高学生的创新能力。全书共7章，内容涵盖了机器人的发展现状和趋势、工业机器人的技术应用、服务机器人的技术应用、机器人的机械结构与电动机、机器人硬件电路和机器人设计制作实践等专业知识。

本书可作为高等职业院校智能机器人技术、工业机器人技术等专业的导论课程教材，也可作为其他专业的机器人技术通识课程教材，还可作为机器人技术爱好者的参考用书。

本书配有动画、视频等资源，读者可扫描书中二维码直接观看，本书还配有授课电子课件、习题答案等，需要的教师可登录机械工业出版社教育服务网（www.cmpedu.com）免费注册后下载，或联系编辑索取（微信：13261377872，电话：010-88379739）。

图书在版编目（CIP）数据

机器人技术应用/赵鹏举，谢光辉主编. —北京：机械工业出版社，2024.2

高等职业教育系列教材

ISBN 978-7-111-74762-8

Ⅰ.①机…　Ⅱ.①赵…②谢…　Ⅲ.①机器人技术-高等职业教育-教材　Ⅳ.①TP24

中国国家版本馆 CIP 数据核字（2024）第 025312 号

机械工业出版社（北京市百万庄大街 22 号　邮政编码 100037）

策划编辑：曹帅鹏　　　　责任编辑：曹帅鹏

责任校对：李可意　王　延　责任印制：张　博

北京建宏印刷有限公司印刷

2024 年 3 月第 1 版第 1 次印刷

184mm×260mm · 13.25 印张 · 321 千字

标准书号：ISBN 978-7-111-74762-8

定价：55.00 元

电话服务　　　　　　　　　　　网络服务

客服电话：010-88361066　　　机　工　官　网：www.cmpbook.com

　　　　　010-88379833　　　机　工　官　博：weibo.com/cmp1952

　　　　　010-68326294　　　金　书　网：www.golden-book.com

封底无防伪标均为盗版　　机工教育服务网：www.cmpedu.com

前 言

随着机器人行业的迅猛发展及该行业对人才需求的急剧增长，亟须将机器人技术基础知识和技能实践训练纳入职业教育课程体系中。机器人技术涵盖机械、电子、通信、控制等多个学科和技术领域，具有多学科交叉融合的特点。机器人技术的开发与应用是培养学生多学科知识综合应用能力的重要载体，可引导学生亲自动手参与机器人技术的科技实践，锻炼学生创新思维与创新能力，提升学生综合职业技能素养。

通过本书的学习，读者可以了解机器人的前沿技术和产业发展状况，熟悉机器人行业的岗位和人才需求，掌握智能机器人开发的基本方法。本书的主要特点如下：

1. 知识讲解通俗易懂

本书以通俗的语言和生动有趣的案例，图文并茂地向读者介绍了机器人的专业技术知识，本书注重内容的系统性、知识的针对性、技术的前沿性和案例的趣味性，旨在培养学生的科技兴趣和对知识的应用能力。

2. 面向专业广泛，文理兼顾

本书主要面向对机器人技术感兴趣的读者，所以书中介绍了机器人的历史和未来发展方向以及机器人的行业发展和人才需求状况，让读者熟悉机器人行业市场需求，有针对性地培养并完善自己在机器人技术应用方面的能力。

3. 注重实践技能培养

本书包含大量生动有趣的案例，读者可以参考这些案例完成一个完整的智能机器人开发与应用项目，包括了机器人机构的选择、硬件电路的设计、软件的开发，及装配、检测、调试、运行等环节的实践，实现了理论知识与实践技能训练的有机结合。

本书第 1、2 章由重庆电子工程职业学院赵鹏举执笔，第 3 章由谢光辉执笔，第 4、6 章由杨玉平执笔，第 5 章由李书阁执笔，第 7 章由王伟强执笔，林远长提供了第 7 章的案例，最后由赵鹏举负责统稿。

由于编者水平有限，本书在编写过程中难免有疏漏之处，敬请读者批评指正。

编　者

目 录 Contents

前言

第1章 机器人入门

由于机器人技术的快速发展，机器人已经进入人类生活的各个领域。本章将学习机器人的定义、机器人的发展史、机器人的分类和机器人的发展趋势。通过机器人知识的学习，不仅可以掌握机器人的定义和分类方法，而且能系统地了解机器人的发展历史，以及机器人技术在我国乃至世界的应用水平和发展趋势。

知识目标

1. 掌握机器人的定义、分类和特征。
2. 熟悉机器人的发展简史和发展情况。
3. 了解机器人的发展趋势。

能力与素质目标

1. 具备机器人的分类和实际场景应用选型能力。
2. 学会机器人的分类和场景应用选型方法。
3. 具备科技报国的使命担当。

1.1 走进机器人

机器人正在逐渐成为人类的助手和朋友，通过本章的学习，将初步揭开机器人的神秘面纱，走进机器人的世界，机器人如图1-1所示。

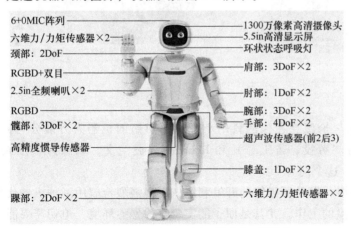
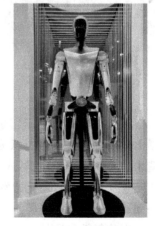

图 1-1　机器人

1.1.1　了解机器人

说到机器人大家可能会感到很神秘，觉得它是一个高科技的集合体，离人们很遥远，其实不然。机器人是一个很宽泛的概念，它们并不一定都具有人的外形，而是形象各异、种类繁多，如图 1-2 所示。它们不仅有月球车、火星探测器、机器人士兵等智能性很高的机器人，也有供人们学习用的积木式教学机器人和用于机器人比赛的擂台机器人、足球机器人等，更有用于工厂中的焊接机器人、切割机器人、码垛机器人等。

微视频1-1
了解机器人

a)

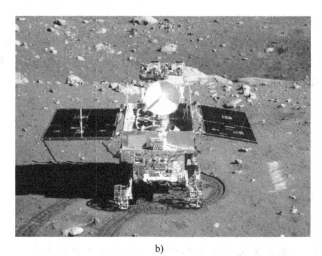

b)

c)

d)

图 1-2　形象各异、种类繁多的机器人

1920 年，捷克作家卡雷尔·恰佩克在他的科幻小说《罗萨姆的机器人万能公司》中，根据 Robota（捷克文，原意为"劳役、苦工"）和 Robotnik（波兰文，原意为"工人"），创造出"Robot"——"机器人"这个词。

随着计算机和自动化的发展，以及原子能的开发利用，人们强烈希望用某种机器代替自己去完成那些枯燥、单调、危险的工作。尤其是原子能实验室的恶劣环境，迫切需要能代替人们处理放射性物质的机械装置。美国原子能委员会的阿尔贡研究所于 1947 年开发了遥控机械手，1948 年又开发了机械式的主从机械手，但这还不是真正意义上的机器人。1954 年，美国人乔治·德沃尔制造出世界上第一台可编程的装置，它能按照不同的程序从事不同的工作，具有通用性和灵活性，成为具有实际意义的机器人。

1.1.2 机器人的发展简史

机器人的发展主要经历了以下几个阶段。

第一阶段：20 世纪 50～60 年代初。

技术准备期：1950 年，美国作家阿西莫夫提出了机器人学（Robotics）这一概念，并提出了所谓的"机器人三原则"，即机器人不可伤人、机器人必须服从人但不伤人的命令、机器人可维护自身不受伤害。1959 年，乔治·德沃尔和约瑟·英格伯格发明了世界上第一台工业机器人，命名为 Unimate（尤尼梅特），意思是"万能自动"，如图 1-3 所示。英格伯格负责设计机器人的"手"

微视频1-2 机器人的发展简史

"脚""身体"，即机器人的机械部分和操作部分，由德沃尔设计机器人的"头脑""神经系统""肌肉系统"，即机器人的控制装置和驱动装置。Unimate 重达 2t，通过磁鼓上的一个程序来控制。它采用液压执行机构驱动，基座上有一个大机械臂，可绕轴在基座上转动。大机械臂上又伸出一个小机械臂，它相对大机械臂可以完成伸出或缩回的动作。小机械臂顶部有一个腕子，可绕小机械臂转动，进行俯仰和侧摇的动作。腕子前部是手，即操作器。这个机器人的功能和人的手臂功能相似，其精确度达 1/10000in。

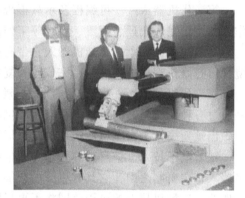
图 1-3　世界上第一台工业机器人

第二阶段：20 世纪 60 年代。

产业孕育期：小批量生产形成。在 20 世纪 60 年代，随着机构理论和伺服理论的发展，机器人进入了应用阶段，并小有规模。

第三阶段：20 世纪 70～80 年代。

产业形成期：大批量生产。在 20 世纪 70 年代，随着计算机技术、现代控制技术、传感技术、人工智能技术的发展，机器人得到了迅速发展。1974 年，Cincinnati Milacron 公司成功开发多关节机器人。1979 年，Unimation 公司又推出了 PUMA 机器人，它是一种多关节、全电动驱动、多 CPU 二级控制，采用 VAL 专用语言，可配视觉、触觉、力觉传感器的工业机器人，这在当时是先进技术的表现，现在的工业机器人结构大体上是以此为基础的。这一时期的机器人属于"示教再现"（Teach-in/Playback）型机器人，只具有记忆、存储能力，按相应程序重复作业，但对周围环境基本没有感知与反馈控制能力。这种机器人被称作第一代机器人。

进入 20 世纪 80 年代，随着传感技术，包括视觉传感器、非视觉传感器（力觉、触觉、接近觉等）以及信息处理技术的发展，出现了第二代机器人——有感觉的机器人。它能够获得作业环境和作业对象的部分有关信息，进行一定的实时处理，引导机器人进行作业。第二代机器人在工业生产中得到广泛应用。

第四阶段：20 世纪 90 年代至今。

产业发展期：机器人产品多样化，市场趋于成熟，并在 20 世纪 90 年代得到迅速发展。机器人综合了计算机、控制论、机构学、信息和传感技术以及人工智能仿生学等多学科而形成的高新技术，是当代研究十分活跃，应用十分广泛的领域。从 20 世纪 90 年代初期起，我国掀起了新一轮的技术进步热潮，我国的工业机器人又在实践中迈进一大步，先后研制出了点焊、弧焊、装配、喷漆、切割、搬运、包装码垛等各种用途的工业机器人，并实施了一批机器人应用工程，形成了一批机器人产业化基地，为我国机器人产业的腾飞奠定了基础。

人工智能的发展，不得不提及两大计划：欧洲的"人类大脑计划"（Human Brain Project，HBP）和美国的"通过推动创新型神经技术开展大脑研究"（Brain Research through Advancing Innovative Neurotechnologies，BRAIN）。人工智能与机器人的融合，是机器人在 21 世纪发展的一个巨大的转折点。

机器人技术是 20 世纪人类最伟大的发明之一，时至 21 世纪，机器人已发展到了第三代。

第一代机器人——可编程及示教再现机器人，按事先示教或编程的位置和姿态进行重复作业，主要完成搬运、喷漆、点焊等工作。

第二代机器人——感知机器人，带有如视觉、触觉等外部传感器，具有不同程度感知环境并自行修正程序的功能，可完成较为复杂的作业，如装配、检查等。

第三代机器人——有感知、决策、动作能力的智能机器人，它出现于 20 世纪 90 年代，是通过各种传感器、测量器等来获取环境的信息，利用智能技术进行识别、理解、推理并最后做出规划决策，自主行动实现预定目标的高级机器人。

随着电子技术、信息处理技术和通信技术的发展，机器人也进入新的发展阶段。第四代机器人正在研制之中，它具有更高的智能，可通过高级的中央处理器和内置软件实现实时加工作业。这种机器人的应用范围将不再局限于一道道特定的工序，而是能够实现整个生产系统的机器人化。

目前，先进的机器人系统正在或即将进入人类生活的各个领域，成为人类良好助手和亲密的伙伴。人们可通过对教学机器人的学习与研究，深入了解并掌控机器人，使其更好地为人们服务。

1.1.3 机器人的定义

科学家们对机器人的定义一直没有一个统一的意见，原因是机器人技术还在发展和完善，新机型、新功能的机器人不断涌现。随着机器人技术的飞速发展和信息时代的到来，机器人所涵盖的内容越来越丰富，机器人的定义也不断充实和创新。也许正是由于对机器人定义的不统一，才给了人们充分的想象和创造空间。目前，在国内人们普遍认同机器人是自动执行工作的机器装置。1987 年，国际标准化组织（ISO）对工业机器人进行了定义："工业机器人是一种具有自动控制的操作和移动功能，能完成各种作业的可编程操作机器。"我国科学家对机器人的定义："机器人是一种自动化的机器，所不同的是这种机器具备一些与人或生物相似的智能能力，如感知能力、规划能力、动作能力和协同能力，是一种具有高度灵活性的自动化机器。"美国机器人协会给机器人下的定义："机器人是一种可编程和多功能的操作机器，或是为了执行不同的任务而具有可用计算机改变和可编程动作的专门系统。"目前此定义得到了广泛的认可。

实际意义上的机器人应该是"能自动工作的机器"，它们有的功能比较简单，有的功能非常复杂，它们可以接受人类指挥，可以协助或取代人类的工作，也可以根据以人工智能技术制定的规则来运行，在制造业、建筑业、服务业等行业发挥重要作用。但机器人必须具备以下3个特征：

1）要有一个机械装置，其结构、大小、形状、材料取决于它要完成的工作。

2）具有感知和控制功能，通过安装在装置上的各种传感器获取外界信息，根据收到的信息，遵循人们编写的程序指令做出反应。

3）作业功能，即机器人的活动功能，机器人要在程序的指令下完成各种动作。

1.2 机器人的类别

广义上，机器人可以分为工业机器人和非工业机器人，在制造业中，工业机器人甚至已经成为不可少的核心装备，世界上有近百万台工业机器人正与工人并肩工作。机器人的出现是社会和经济发展的必然，工业机器人的高速发展提高了社会的生产水平和人类的生活质量。从应用环境出发，可以将非工业机器人进一步分类：服务机器人可以为人们完成治病、保健、保洁、保安等工作；水下机器人可以帮助人们打捞沉船、铺设电缆；工程机器人可以上山入地、开洞筑路；农业机器人可以耕耘播种、施肥除虫；军用机器人可以冲锋陷阵、排雷排弹等。在现实生活中有些工作会对人体造成伤害，比如喷漆、重物搬运等；有些工作要求完成质量很高，人类难以长时间胜任，比如汽车焊接、精密装配等；有些人类无法身临其境的工作，比如火山探险、深海探秘、空间探索等；有些工作不适合人类去干，比如在一些恶劣的环境中完成一些枯燥单调，且需重复性劳作等，这些人类干不了或干不好的工作领域变成了机器人大显身手的舞台。

1.2.1 机器人分类

目前，国际上通常将机器人分为工业机器人和服务机器人两大类，见表1-1。

工业机器人是集机械、电子、控制、计算机、传感器、人工智能等多学科的先进技术于一体的现代制造业重要的自动化装备。

服务机器人是机器人家族中的一个年轻成员，可以分为专业领域服务机器人和个人/家庭服务机器人。服务机器人的应用范围很广，主要从事维护保养、修理、运输、清洗、保安、救援、监护等工作。

微视频1-3 机器人分类的介绍

表1-1 工业机器人和服务机器人的具体分类

工业机器人	焊接机器人	点焊机器人
		弧焊机器人
	搬运机器人	自动导向车（AGV）
		码垛机器人
		分拣机器人
		冲压、锻造机器人

（续）

工业机器人	装配机器人	包装机器人
		拆卸机器人
	处理机器人	切割机器人
		研磨和抛光机器人
	喷涂机器人	有气喷涂机器人
		无气喷涂机器人
服务机器人	个人/家用机器人	家庭作业机器人
		娱乐休闲机器人
		残障辅助机器人
		住宅安全和监视机器人
	专业服务机器人	场地机器人
		专业清洁机器人
		医用机器人
		物流用途机器人
		检查和维护保养机器人
		建筑机器人
		水下机器人
		国防、营救和安全应用机器人

1.2.2　工业机器人的分类

1. 工业机器人按臂部的运动形式分类

（1）直角坐标型　直角坐标型机器人的臂部可沿三个直角坐标移动。臂部可以沿直角坐标轴 X、Y、Z 三个方向移动，即臂部可以前后伸缩（定为沿 X 轴方向的移动）、左右移动（定为沿 Y 轴方向的移动）和上下升降（定为沿 Z 轴方向的移动），如图 1-4 所示。

微视频1-4 工业机器人的分类

（2）圆柱坐标型　圆柱坐标型机器人的臂部可做升降、回转和伸缩动作。手臂可以沿直角坐标轴的 X 轴和 Z 轴方向移动，又可绕 Z 轴回转（定为绕 Z 轴转动），即臂部可以前后伸缩、上下升降和回转，如图 1-5 所示。

（3）球坐标型　球坐标型机器人的臂部能回转、俯仰和伸缩。臂部可以沿直角坐标轴 X 方向移动，还可以绕 Y 轴和 Z 轴转动，即手臂可以前后伸缩（沿 X 轴方向移动）、俯仰（定为绕 Y 轴摆动）和回转（定为绕 Z 轴转动），如图 1-6 所示。

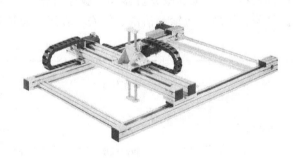

图 1-4　直角坐标型机器人

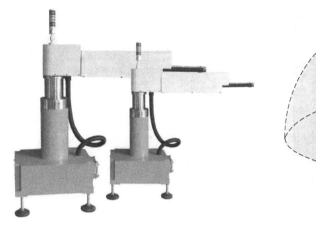

图 1-5 圆柱坐标型机器人

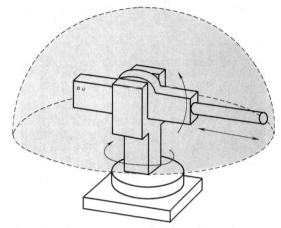

图 1-6 球坐标型机器人

（4）关节型 关节型机器人的臂部有多个转动关节，其臂部可分为小臂和大臂。小臂和大臂的连接（肘部）以及大臂和机体的连接（肩部）均为关节（铰链）式连接，即小臂对大臂可绕肘部上下摆动，大臂可绕肩部摆动多角，手臂还可以左右转动，如图 1-7 所示。

2. 工业机器人按功能用途分类

（1）焊接机器人 焊接机器人是从事焊接工作的工业机器人，如图 1-8 所示，就是在工业机器人的连接法兰上装接焊钳或焊（割）枪，使之能进行焊接，切割或热喷涂。其又可分为点焊机器人、弧焊机器人。

点焊机器人由机器人本体、计算机控制系统、示教盒和点焊焊接系统几部分组成。为了适应灵活动作的工作要求，点焊机器人通常选用关节式工业机器人的基本设计，一般具有六个自由度：腰转、大臂转、小臂转、腕转、腕摆及腕捻。其驱动方式

图 1-7 关节型机器人

有液压驱动和电气驱动两种，其中电气驱动具有保养维修简便、能耗低、速度高、精度高、安全性好等优点，因此应用较为广泛。点焊机器人按照示教程序规定的动作、顺序和参数进行点焊作业，其过程是完全自动化的，并且具有与外部设备通信的接口，可以通过这一接口接受上一级主控与管理计算机的控制命令进行工作。

弧焊机器人主要应用于各类汽车零部件的焊接生产，在该领域，国际大型弧焊机器人生产企业主要以向成套装备供应商提供单元产品为主，可以根据各类项目的不同需求，自行生产成套装备中的机器人单元产品，也可向大型工业机器人企业采购并组成各类弧焊机器人成套装备。焊接机器人最后一个轴的机械接口，通常是一个连接法兰，可接装不同工具（或称末端执行器），如图 1-9 所示。

（2）搬运机器人 搬运机器人是可以进行自动化搬运作业的工业机器人，又可分为码垛机器人、分拣机器人、自动导向车（AGV）、冲压锻造机器人。

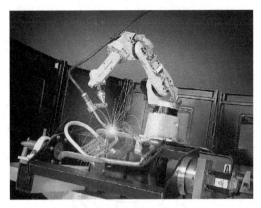

图 1-8　焊接机器人

图 1-9　连接法兰

　　码垛机器人是机械与计算机程序有机结合的产物，为现代生产提供了更高的生产效率。其在码垛行业有着相当广泛的应用，因其运作灵活精准、快速高效、稳定性高、作业效率高，所以大大节省了劳动力，节省了空间。码垛机器人的安装占用空间灵活紧凑，使在较小的占地面积范围内建造高效节能的全自动砌块成型机生产线的构想变成现实，如图 1-10 所示。

　　分拣机器人是一种具备了传感器、物镜和电子光学系统的机器人，可以快速进行货物分拣，如图 1-11 所示。

图 1-10　码垛机器人

图 1-11　分拣机器人

　　自动导向车（AGV），通常也称为 AGV 小车，指装备有电磁或光学等自动导引装置，能够沿规定的导引路径行驶，具有安全保护以及各种移载功能的运输车，如图 1-12 所示。AGV 不需要驾驶员，以可充电的蓄电池为其动力来源，一般可以通过计算机来控制其行进路线以及行为，或利用电磁轨道（Electromagnetic Path-Following System）来设立其行进路线，电磁轨道粘贴于地板上，自动导向车则依靠电磁轨道所带来的信号进行移动与动作。

　　冲压锻造机器人由先进的计算机及程序自动控制，能完全代替人工，完成锻造生产过程中的连续上

图 1-12　自动导向车（AGV）

料、翻转、下料等危险性高、简单重复性、劳动强度高的工作，同时能有效降低劳动强度及危险性，提高生产自动化程度，提高生产效率。

搬运机器人可以完成各种不同形状和状态的工件搬运工作，大幅减轻了人类繁重的体力劳动。目前世界上使用的搬运机器人被广泛应用于机床上/下料、冲压机自动化生产线、自动装配流水线、码垛搬运、集装箱自动搬运等工作中。部分发达国家已制定出人工搬运的最大限度，超过限度的必须由搬运机器人来完成。

（3）装配机器人　装配机器人又可分为包装机器人、拆卸机器人。包装机器人是指在包装工业中包装输送用的机器人。比如在瓶体包装流水线中，利用动力和特殊的构件实现瓶体（空瓶）的输送，将包装瓶单件快速输出排列，然后给予一个特定（方向、大小）的力，使瓶体准确地在空中经过抛物线路径到达充填工位。这种机器人改变了传统的输瓶机构，使得输送速度加快，输送空间减小，是一种全新概念的包装机器人。它借助空气动力学和特殊机械构件实现输送作业，如图 1-13 所示。

与一般工业机器人相比，装配机器人具有精度高、柔顺性好、工作范围小、能与其他系统配套使用等特点，主要用于各种电器制造（包括家用电器，如电视机、录音机、洗衣机、电冰箱、吸尘器）、小型电机、汽车及其部件、计算机、玩具、机电产品及其组件的装配等方面，装配机器人的工作过程如图 1-14 所示。

图 1-13　包装机器人

图 1-14　装配机器人的工作过程

（4）处理机器人　处理机器人又可分为切割机器人、研磨和抛光机器人，如图 1-15 所

图 1-15　处理机器人

示。处理机器人综合运用了机械与精密机械、微电子与计算机、自动控制与驱动、传感器与信息处理以及人工智能等多学科的最新研究成果，能在有害环境下工作以保护人身安全，被广泛应用于机械制造、冶金、电子、轻工和原子能等领域。

（5）喷涂机器人　喷涂机器人是可进行自动喷漆或喷涂其他涂料的工业机器人，如图 1-16 所示，可分为有气喷涂和无气喷涂。有气喷涂机器人也称低压有气喷涂，喷涂机依靠低压空气使油漆在喷出枪口后形成雾化气流作用于物体表面（墙面或木器面）。有气喷涂相对于传统手工喷涂而言，具备无刷痕的优点，而且平面相对均匀，单位工作时间短，可有效地缩短工期。但有气喷涂有飞溅现象，存在漆料浪费，在近距离查看时，可见极细微的颗粒状。一般有气喷涂采用装修行业通用的空气压缩机，相对而言可一机多用、投资成本低，市场上也有抽气式有气喷涂机器人、自落式有气喷涂机器人等专用工业机器人，如图 1-17 所示。

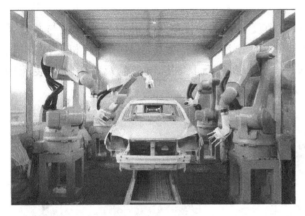

图 1-16　喷涂机器人

图 1-17　有气喷涂机器人

无气喷涂机器人可用于高黏度油漆的施工，而且边缘清晰，甚至可用于一些有边界要求的喷涂项目，如图 1-18 所示。视机械类型，其可分为气动式无气喷涂机器人、电动式无气喷涂机器人、内燃式无气喷涂机器人、自动喷涂机器人等多种。另外要注意的是，如果对金属表面进行喷涂处理，最好是选用金属漆（磁漆类）。

较为先进的喷漆机器人腕部采用柔性手腕，既可向各个方向弯曲，又可转动。其动

图 1-18　无气喷涂机器人

作类似人的手腕，能方便地通过较小的孔伸入工件内部，喷涂其内表面。喷漆机器人一般采用液压驱动，具有动作速度快、防爆性能好等特点，可通过手把手示教或点位示教来实现示教。喷漆机器人广泛用于汽车、仪表、电器、搪瓷等生产。

1.2.3　服务机器人的分类

服务机器人的应用范围很广，主要从事维护保养、修理、运输、清洗、保安、救援、监

护等工作。国际机器人联合会（IFR）经过搜集整理，给予服务机器人一个初步的定义："服务机器人是一种半自主或全自主工作的机器人，它能完成有益于人类健康的服务工作，但不包括从事生产的设备。"这里，把其他一些贴近人类生活的机器人也列入其中。

微视频1-5
服务机器
人的分类

1. 个人/家用机器人

个人/家用机器人是为人类服务的特种机器人，主要从事家庭服务、监护等工作。按照应用范围和用途的不同，家用机器人有不同类型：家庭作业机器人、娱乐休闲机器人、残障辅助机器人、住宅安全和监视机器人等，如图1-19和图1-20所示。

2. 专业服务机器人

专业服务机器人主要从事维护、保养、修理、运输、清洗、保安、救援等工作，可大致分为场地机器人、专业清洁机器人、医用机器人、物流用途机器人、检查和维护保养机器人、建筑机器人、水下机器人、营救和安全机器人等，如图1-21所示。

图1-19 家庭作业机器人

图1-20 娱乐休闲机器人

图1-21 水下机器人

1.3 机器人的发展

1.3.1 机器人的发展现状

1. 工业机器人的发展现状

工业机器人技术日趋成熟，已经成为一种标准设备被工业界广泛使用。在发达国家，工业机器人自动化生产线成套设备已经成为自动化装备的主流，汽车行业、电子电器行业、工程机械行业等已经大量使用工业机器人自动生产线，以保证产品质量，提高生产效率，同时也避免了大量的工伤事故。因而诞生了一批在世界范围内具有影响力的、著名的工业机器人公

微视频1-6
机器人的
发展现状

司，比如瑞士的 ABB robotics，日本的 FANUC、Yaskawa，德国的 KUKA Roboter，美国的 Adept Technology、American Robot、Emerson Industrial Automation、S-T Robotics 等。

国际机器人联合会发布的数据显示，2021 年全球工业机器人销量创新高，达到 48.68 万台，比前一年增长 27%，如图 1-22 所示。数据显示，全球机器人行业正在蓬勃发展。

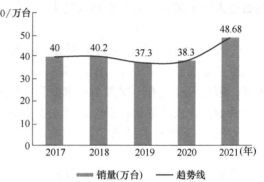

图 1-22　2017—2021 年全球工业机器人销量统计情况

2. 服务机器人的发展现状

欧洲一些主要的发达国家对服务机器人的研究可以追溯到 20 世纪 70 年代，如德国的独臂家政服务机器人，它以体型大小适中、动作灵活、智能化程度高且具有一定的学习能力等而成为家庭生活的好助手。法国成功地将 Nao 机器人系列中一款名为 Zora 的拟人化机器人在养老院投入使用，小巧灵活的 Zora 机器人可以很好地服务老年人，这是法国第一次将服务机器人正式投入实际生活中，实现了零的突破，给老年人甚至整个社会带来了福音。鉴于服务机器人所能应用的领域越来越广，且功能越来越强大，欧洲很多发达国家也越加重视发展服务机器人产业。

服务机器人中不得不提 iRobot 扫地机器人和达芬奇手术机器人。iRobot 扫地机器人是由美国麻省理工学院教授罗德尼·布鲁克斯、科林·安格尔和海伦·格雷纳创立的 iRobot 公司生产，为全球知名 MIT 计算器科学与人工智能实验室技术转移及投资成立的机器人产品与技术专业研发公司。依托 iRobot 强大的技术优势和科研背景，iRobot 扫地机器人从 2002 年至今二十多年来，产品性能和效果被全球消费者认可。经过了多次升级换代，无论从外观、性能、清洁效果 iRobot 机器人都有了全方位的提升。iRobot 扫地机器人如图 1-23 所示。

图 1-23　iRobot 扫地机器人

达芬奇手术机器人是一种主从式控制的腔镜微创手术机器人，专为外科医生执行腹腔镜、胸腔镜等微创手术而设计，产品名称为内窥镜手术控制系统。第四代达芬奇手术机器人由外科医生控制台、床旁机械臂系统及成像系统 3 部分组成，广泛应用在泌尿、胃肠、肝、胆、胰、胸外、妇科等手术中。可以为医生提供清晰放大的 3D 视野，解决了直接操作时人的手部颤动问题，最大程度地避免手术中损伤及并发症的发生，有助于提高手术质量和保障患者安全。达芬奇手术机器人如图 1-24 所示。

1.3.2　我国机器人的发展现状

我国机器人产业虽然起步较晚，但近年来正在飞速发展。我国已成为支撑世界机器人产业发展的中坚力量，总体规模快速增长，约占全世界 40% 的市场份额。

从工业机器人的市场格局来看，我国工业机器人市场仍被外资品牌占据主要市场份额。根据 MIR 的数据显示，2021 年，我国工业机器人市场中，发那科、ABB、安川、库卡的市场占比分别为 13.0%、12.3%、8.8%、

微视频1-7
我国机器人的发展现状

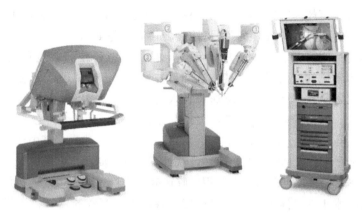

图 1-24 达芬奇手术机器人

7.4%。此外，爱普生、雅马哈、川崎、那智不二越、三菱等日系品牌位居前列。国内知名厂商起到带头作用，国内机器人厂商出货量排名中，市占率最高的是埃斯顿，汇川技术和新时达的产品排名也相对靠前，如图 1-25 所示。

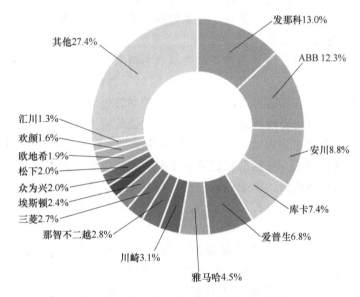

图 1-25 2021 年中国工业机器人市场份额

　　从服务机器人的市场格局来看，随着智能化趋势越发明显，服务机器人适应性逐步扩展、产品类型愈加丰富、自主性不断提升，由早期的扫地机器人、送餐机器人等成熟产品，逐渐向情感机器人、教育机器人、医疗机器人、引导机器人等方向延伸；尤其是近年来，无人化需求激发众多新兴应用市场，如无人配送、清洁消毒、引导导购等，并在家用服务、公共服务、医疗服务等细分领域诞生了不少服务机器人独角兽企业。

　　在清洁领域，科沃斯公司、石头科技公司是国内扫地机器人两个知名企业，2021 年两者的扫地机器人销量分别达到 317 万台、238 万台，线上渠道销售量合计占比超过 50%，其中科沃斯公司在线下渠道的销售量占到了总量的 80%。

　　扫拖机器人主要由字节跳动、红杉、高瓴等加持的云鲸智能生产，高仙机器人研发的清洁机器人则主要覆盖商超、写字楼、酒店、医院、园区、市政道路等应用场所，覆盖 30 个国家地区的 1000 多家客户，在国内商用清洁领域占有率超 80%。

配送领域则有达闼科技、擎朗智能、云迹科技、优地科技、普渡科技等公司，餐饮场所、酒店等是最为常见的应用场所。其中达闼科技专注于云端机器人研发，已是全球最大的云端智能机器人运营商；擎朗智能的配送机器人足迹遍布全国 500 多个城市，并先后进入美国、德国、加拿大、韩国等多个海外市场，产品累计出货量已超 2 万台。

在医疗服务机器人领域，以微创机器人和天智航等公司为代表，其中微创机器人的产品覆盖腔镜、骨科、血管等手术专科，部分产品已获批，将进入商业化市场；天智航公司聚焦骨科手术机器人，已在近多家医疗机构投入使用，临床病例累计过万，未来还将加快进院速度。

当前机器人技术正在飞速进步，国家高度重视机器人产业的发展，当代学生是实现科技兴国、科技强国这一伟大梦想的新生力量，是实现建成社会主义现代化强国的后备力量和科技创新的践行者。国家所需，青年所向，作为国家未来科技创新的生力军，青年人才是国家战略人才力量的源头活水。在科技发展日新月异的当下，无论是产业的变革还是新业态的发展，都离不开青年科技人才的创新活力，离不开青年人勇于探索、敢为人先的拼搏奋斗的精神。当代青年既要提高学习兴趣、强化机器人理论知识并具备扎实的技术技能基础，同时还要具备科学创新意识、厚植的爱国情怀、技术创新与应用能力，为国争光，为科技强国和实现第二个百年奋斗目标做出贡献。

科学技术是第一生产力，科技创新正越来越成为国家在国际竞争中的决定性因素。进入新时代，一大批重大科技创新成果竞相涌现，国家的一些前沿领域开始进入并跑、领跑阶段，科技实力正在从量的积累迈向质的飞跃、从点的突破迈向系统能力提升，我国科技事业取得历史性成就。但同时仍要清醒地看到，我国自主创新能力还有待加强，关键核心技术受制于人的情况在一定程度上还存在，一些领域的科技"卡脖子"问题还未得到根本解决。这就需要具有先进创新理念、开阔国际视野并掌握尖端科学技术的青年科技工作者们，充分发挥自身优势，聚力科技攻关、勇于创新创造，当好高水平科技自立自强的排头兵。

1.3.3 机器人的发展趋势

机器人的发展史是不断地向着更高级发展的。意识化机器人已是机器人的高级形态，不过意识又划分为简单意识和复杂意识。

人类具有复杂意识，而现代的意识机器人，只是简单意识，还未达到复杂意识的水平。对于未来意识化智能机器人几大发展趋势，在这里概括性地分析如下。

微视频1-8
机器人的
发展趋势

1. 语言交流功能越来越强大

未来机器人的语言交流功能会越来越强大，这是一个必然性趋势，在人类的设计程序下，机器人能轻松地掌握多个国家的语言，而具备学习能力的机器人可进行对话、翻译，且它们不仅可以将文字翻译成语音，还能将语音翻译成文字，翻译的准确性也越来越高，图 1-26 所示为机器人正与小朋友们对话。

2. 各种动作趋于完美

未来机器人将具备更灵活的、类似人类的关节和仿真人造肌肉，使其动作更像人类，它们可以模仿人类的几乎所有动作，甚至做得比现在更有形。有些机器人还能做出一些普通人

图 1-26　与机器人进行对话

很难完成的动作，如平地翻跟斗、倒立等。

　　Atlas 机器人是基于波士顿动力公司早期的 PETMAN 人形机器人制造出来的，而 PET-MAN 是一款设计用于检测化学防护衣的人形机器人，它能模拟士兵的动作，检测现实条件下防护服的作用。不同于以往的化学防护衣测试，过去机器人仅能完成有限的机械运动姿势，PETMAN 人形机器人不仅能平衡自身、自由行走、弯曲身体，还能暴露在满是化学药剂的操作车间中完成各种对化学防护衣有压力作用的动作。PETMAN 人形机器人还通过模拟防护服内的人体生理学来控制温度、湿度和出汗情况来测试。波士顿动力公司以其为基础发展出了 Atlas 机器人，来实现运动能力的提升，如图 1-27 所示。

　　2000 年 11 月 30 日，我国独立研制出了第一台具有人类外观特征、可以模拟人类行走与基本动作的类人型机器人，这台命名为"先行者"的类人型机器人，高 1.4m，重 20kg，不仅具有与人类一样的头部、眼睛、脖颈、身躯、双臂与两足等，而且具备了一定的语言功能。小米公司于 2022 年 8 月公布了首款全尺寸人形仿生机器人 CyberOne（铁大），如图 1-28 所示，升级后的运动控制算法支配这款机器人全身 13 个关节和 21 个自由度，实

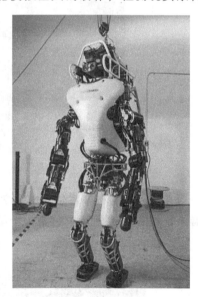

图 1-27　Atlas 机器人

现双足运动姿态平衡；其髋关节主要电动机的动力扭矩峰值可达 300Nm，峰值扭矩密度达 96Nm/kg。

　　3. 复原功能越来越强大

　　未来机器人将具备越来越强大的自行复原功能，对于自身内部零件等的运行情况，机器人会随时自行检索问题，并及时排除故障，如图 1-29 所示。自行复原功能和检索功能就像人类能够自行感觉到身体哪里不舒服一样，是智能意识的表现。

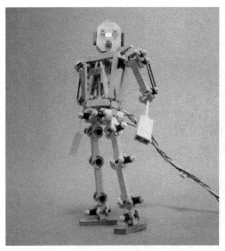

图 1-28 "先行者"和 CyberOne（铁大）机器人

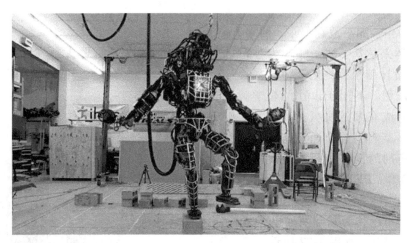

图 1-29 具有复原功能和检索功能的机器人

在比利时的布鲁塞尔自由大学，一组研究人员开发出了一种能够在受损时自我修复的机器人，如图 1-30 所示。它是一个柔软的机械手臂，由一种聚合物制成。当这个机械手臂受

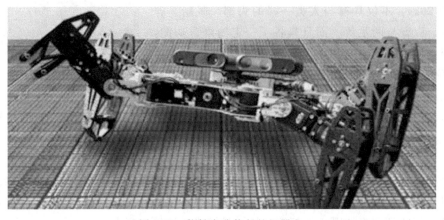

图 1-30 能够自我修复的机器人

损时，可以通过加热的方式来进行修复，当周围温度加热到80℃时，这种聚合物的受损程度将会不断减轻，直至恢复原状，在复原后冷却，机械手臂将恢复到原来的形状和强度。相关的研究人员称："机器人的损伤可以完全修复，不会留下任何缺陷。"法国科学家称，他们开发出一款小型机器人，能在受损后自我修复，这些均朝着机器模仿人类和动物的适应能力迈出了坚定的一步，这说明这类机器人可从事恶劣条件下的工作。这项成果可能使人类有朝一日研发出救灾机器人，这些机器人能够排除使之失灵的危险。法国巴黎第六大学的让·巴蒂斯特·穆雷（Jean Baptiste Mouret）说过，人们的想法是让机器人能够在恶劣环境下活动，假如人们派出机器人前往工作地点，它们必须能够在受损的情况下照样执行任务，而不会因为工作环境的恶劣而停止运行。

4. 逻辑分析能力越来越强

为了让机器人更好地模仿人类，科学家未来会不断地赋予它们许多逻辑分析程序功能，这相当于机器人具备智能的表现，如机器人自行重组相应词组成新的句子，就是逻辑能力的表现形式之一。

习 题 1

一、选择题

1. 第一代机器人产生于（ ）。

A. 20世纪60年代   B. 20世纪70~80年代

C. 20世纪50~60年代初   D. 20世纪30~40年代初

2. 迄今为止，机器人发展到第（ ）代。

A. 1   B. 2   C. 3   D. 4

二、填空题

1. 工业机器人是指_____。

2. 一般来说，机器人是_____。

3. 国际上通常将机器人分为_____和_____两大类。

4. 服务机器人一般分为_____和_____两大类。

三、简答题

1. 机器人必须具备的特征有哪些？

2. 工业机器人按用途可分为哪些种类？

3. 简述服务机器人的定义。

4. 简述机器人的发展趋势。

第2章 工业机器人的技术应用

工业机器人是面向工业领域的多关节机械手或多自由度的机器人，其在工业生产领域的应用越来越广泛，包括搬运、堆垛、焊接、喷涂、水切割、抛光、打磨等，极大地提高了劳动生产率，减轻了工人负担。本章详细介绍了工业机器人的典型应用、系统组成和技术指标。从系统组成上来看，工业机器人由三大部分、六个子系统组成，是典型的机电一体化产品。工业机器人的技术指标主要包括自由度、额定负载、工作精度、工作空间、最大工作速度等，熟悉工业机器人的技术指标，是工业机器人选型和采购工作的基本技能。

知识目标

1. 掌握工业机器人的系统组成及其功能、工业机器人的技术指标。
2. 熟悉工业机器人的典型应用领域。
3. 了解各种应用领域工业机器人的特点。

能力与素质目标

1. 具备分析工业机器人系统组成和判断工业机器人详细技术指标的能力。
2. 学会设计工业机器人典型行业应用的初步方案。
3. 具有居安思危、未雨绸缪的忧患意识。

2.1 工业机器人的典型应用

工业机器人是机器人在工业化道路上的一个产品分支，是机器人在工业生产领域的一个应用延伸。伴随全球经济的工业化及升级，工业自动化的程度越来越高。而工业机器人的出现，加速了工业自动化的发展，也可以说是促进了工业自动化程度的提升，工业机器人的出现，是必然的一个结果，顺应了工业时代的发展潮流。当下，工业机器人的应用越来越广泛，特别是在医疗和物流这两个领域，工业机器人的发展速度可以说是突飞猛进。工业机器人的广泛应用不但给社会带来了巨大的经济效益，而且帮助人类从部分繁重的体力劳动完成了向脑力劳动的转化，并带动了人类文明的进步。因此，工业机器人的出现，对社会的影响是巨大的。

1）可以使劳动生产率得到提高。
2）可以使企业的市场竞争力得到提高。
3）可以改变工作岗位的配置，增加就业率。
4）可以使社会的技术创新能力得到提高。

2.1.1 搬运、堆垛

搬运是将物品从一个位置移动到另一个位置的重复作业，且两个位置也是相对较固定的。正因为是简单的重复性作业，所以搬运作业向自动机械化方向升级是必然的，搬运机器人也因此而诞生。可以将搬运机器人定义为可进行自动化搬运作业的工业机器人，此类工业机器人用于搬运作业最早是在 1960 年的美国，Versatran 和 Unimate 两种工业机器人首次用于搬运作业。目前，工业机器人被广泛应用于搬运作业，比如机床的上/下料、一些自动化的生产线和装配流水线工作、物流集装箱等的搬运活动。

搬运机器人是众多学科知识技术的综合应用，其中知识技术包括了力学、机械学、电气、液压/气压技术、自动控制技术、传感器技术、单片机技术和计算机技术等，同时在这些已经成熟的技术上加入了人工智能元素。

搬运机器人如图 2-1 所示，它主要有以下特点：

1）能完成分类、搬运、传送工作，实现过程自动化。

2）通过图像识别控制机器的方法，可应用到其他领域。

3）处理器能对机械进行准确控制，并对目标进行准确跟踪。

4）可以利用传感器准确找到并分辨出已经标记的不同物体，将物体转运到指定位置。转动过程中实现寻线、避障工作，实现智能分类、装卸、搬运的功能。

图 2-1 搬运机器人

堆垛是指把物品整齐地堆叠好。堆垛机器人，顾名思义是指用于将物品整齐地堆叠好的机器人，本质上来讲是搬运机器人的一种，是一种对具有一定规则外形的物品进行包装、搬运以及整齐有序摆放到某一固定位置的工业机器人，广泛应用于具有实体产品或原料的企业或行业中。

根据堆垛机器人的含义，可以知道堆垛机器人除了具有搬运功能之外，还具有包装产品、整齐摆放货物的功能，如图 2-2 所示，因此它受到了广泛的欢迎。堆垛机器人主要有以下特点：

1）机械结构相对简单，所用零部件较少；

2）工作时所占空间较小；

3）对货物的大小、尺寸适用性强；

4）相比人工来说，所耗成本更低；

5）操作简单，示教方法简单易懂。

2.1.2 焊接

工业机器人在焊接方面的应用也相当广泛。焊接机器人是从事金属切割、焊接的工业机器人，如图 2-3 所示。焊接机器人在工业机器人的末端法兰盘装接焊钳或焊（割）枪，使之能进行焊接、切割或热喷涂。一般工业机器人由机器人本体和控制柜（硬件及软件）组成。而焊接装备，以弧焊及点焊为例，由焊接电源（包括其控制系统）、送丝机（弧焊）、焊枪（钳）等部分组成。对于智能机器人而言，还应具有传感系统，如激光或摄像传感器及其控制装置等。根据焊接类型，焊接机器人又可以分为电焊机器人和弧焊机器人两种。焊接机器人的特点如下：

图 2-2 堆垛机器人

图 2-3 焊接机器人

1）稳定和提高焊接质量；

2）提高劳动生产率；

3）降低工人劳动强度，可在有害环境下工作；

4）缩短了产品改型换代的准备周期，减少相应的设备投资。

焊接机器人目前已广泛应用在汽车制造业，汽车底盘、座椅骨架、导轨、消声器以及液力变矩器等的焊接，尤其是汽车底盘焊接生产中得到了广泛的应用。有的公司已决定将点焊作为标准来装备其所有点焊机器人，用这种技术可以提高焊接质量，因而可以尝试用它来代替某些弧焊作业。在短距离内的运动时间也大为缩短。该公司推出的一款高度低的点焊机器人，用它来焊接车体下部零件。这种高度较低的点焊机器人还可以与较高的机器人组装在一起，共同对车体上部进行加工，从而缩短了整个焊接生产线长度。国内生产的部分汽车的轿车底盘零件大都是以 MIG 焊接工艺为主的受力安全零件，主要构件采用冲压焊接，板厚平均为 1.5~4mm，焊接主要以搭接、角接接头形式为主，焊接质量要求相当高，其质量的好坏直接影响到轿车的安全性能。应用焊接机器人完成焊接后，大大提高了焊接件的外观和内在质量，并保证了质量的稳定性、降低工人的劳动强度，改善了工人的劳动环境。

作为海洋工程装备技术的重要组成部分，海洋焊接如今已成为海洋资源开发和海洋工程建设不可缺少的基础和支撑技术。经过大量的工艺试验和配置调整，研发的焊接材料以及水下焊接专用设备，已成功应用于胜利油田海上采油平台、港珠澳大桥等海洋工程。

2.1.3　喷涂

喷涂作为工业机器人的又一应用领域，往往和焊接功能集成在一起，因为在焊接工序之后，就是喷漆工序。因此，人们说的喷涂机器人又叫作喷漆机器人，是可进行自动喷漆或喷涂其他涂料的工业机器人，如图 2-4 所示。最早的喷涂机器人是 1969 年由挪威 Trallfa 公司提供的。喷涂机器人可以分为有气喷涂机器人和无气喷涂机器人，有气喷涂机器人也称低压有气喷涂，喷涂机依靠低压空气使油漆在喷出枪口后形成雾化气流作用于物体表面，以达到喷涂的目的。无气喷涂机器人可用于高黏度油漆的施工，而且喷漆完成后边缘清晰，甚至可用于一些有边界要求的喷涂项目。按机械类型，喷漆机器人又可分为气动式无

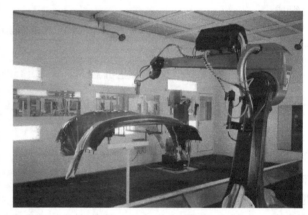

图 2-4　喷涂机器人

气喷涂机、电动式无气喷涂机、内燃式无气喷涂机、自动喷涂机等多种。

喷漆机器人主要由机器人本体、计算机和相应的控制系统组成，液压驱动的喷漆机器人还包括液压油源，如油泵、油箱和电动机等。多采用五自由度或六自由度关节式结构，手臂有较大的运动空间，并可做复杂的轨迹运动，其腕部一般有 2~3 个自由度，可灵活运动。较先进的喷漆机器人腕部采用柔性工艺，既可向各个方向弯曲，又可转动，其动作类似人的手腕动作，且其能方便地通过较小的孔伸入工件内部，喷涂其内表面。喷漆机器人一般采用液压驱动，具有动作速度快、防爆性能好等特点，可通过手把手示教或点位示数来实现示教。目前喷漆机器人广泛用于汽车、仪表、电器、搪瓷等行业。

喷涂机器人的主要特点如下：

1）柔性大，工作范围大。工作范围大，升级可能性大；可实现内表面及外表面的喷涂；可实现多种车型的混线生产，如轿车、旅行车、皮卡车等车身的混线生产。

2）提高喷涂质量和材料使用率。仿形喷涂轨迹精确，提高涂漆的均匀性等外观质量；降低过喷涂量和清洗溶剂的用量，提高材料利用率。

3）易于操作和维护，可离线编程，大大地缩短现场调试时间。可离线编程，大幅缩短现场调试时间；可插件结构和模块化设计，可实现快速安装和更换元器件，极大地缩短维修

时间；所有部件的维护可接近性好，便于维护保养。

　　4）设备利用率高，喷涂机器人的利用率可达90%~95%。

2.1.4　水切割

　　水切割，就是通常所说的水刀切割，最初常用于医疗行业，是一种高压水射流（水刀）切割技术。在计算机的控制下能按程序设计的方式任意雕琢器件，对器件所用材料的质量要求不高。因为水切割清洁性好、成本较低、成品率较高，水切割逐渐成为工业切割技术方面的主流切割方式。

　　随着工业机器人的发展，将工业机器人和水切割设备组合为一体，便构成了智能水切割，将一般的水切割设备中融入智能元素，便产生了水切割机器人。水切割机器人目前分为框架式、机械臂式两种，框架式水切割机器人是一种由交流伺服驱动的通用工业机器人，并与水切割系统组成。机械臂式水切割机器人由高压水射流与多轴机械臂式机器人组成。

　　一般情况下，水切割机器人主要由以下三部分构成：

　　1）超高压水射流发生器。

　　2）多轴机器人或框架式工业机器人。

　　3）软化水系统、辅助供给系统等。

　　水切割机器人可用于多种材料的高压水切割，比如玻璃、大理石、皮革、塑料等，如图2-5所示。可对自由曲面的复杂工件进行精确的三维切割加工。采用水切割机器人进行各种复杂形状工件的切割加工在国外已广泛地应用于汽车内/外饰件加工、飞机制造、建材加工及服装加工等行业，它可以大大提高工件切割质量和生产效率，并适用于多品种产品的加工，比冲裁成型方式节省模具开发的费用，还可以降低劳动强度，把工人从繁杂的劳动中解脱出来。

图2-5　水切割机器人

　　水切割机器人主要有如下特点：

　　1）属于冷切割，不产生热变形或热效应。

　　2）环保无污染，不产生有毒气体及粉尘。

　　3）可加工各种高硬度的材料，如玻璃、陶瓷、不锈钢等，或比较柔软的材料，如皮革、橡胶、纸尿布等。

　　4）是一些复合材料、易碎的瓷材料复杂加工的唯一手段。

　　5）切口光滑、无熔渣，无须二次加工。

　　6）可一次完成钻孔、切割、成型工作。

　　7）生产成本低。

　　8）自动化程度高。

　　9）24h连续工作。

2.1.5　抛光、打磨

　　抛光、打磨一般是在喷涂工序之后的最后一个工序，是利用机械、化学或电化学的作用，摩擦使物体（如金器）光滑的过程，使工件表面粗糙度降低，以获得光亮、平整表面的加工方法。是利用抛光工具和磨料颗粒或其他抛光介质对工件表面进行的修饰加工。抛光不能提高工件的尺寸精度或几何形状精度，而是以得到光滑表面或镜面光泽为目的，有时也用以消除工件的光泽（即消光）。通常以抛光轮作为抛光工具。

　　当抛光、打磨这一工作交由工业机器人来完成时，便产生了打磨抛光机器人。一般是由示教盒、控制柜、机器人本体、压力传感器、磨头组件等部分组成，可以在计算机的控制下实现连续轨迹控制和点位控制。打磨抛

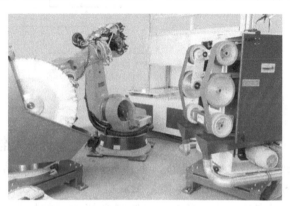

光机器人是现代工业机器人众多种类的一种，用于替代传统人工进行工件的打磨抛光工作，如图 2-6 所示。其主要用于工件的表面打磨、打磨棱角、去毛刺、焊缝打磨、内腔内孔去毛刺、孔口螺纹口加工等工作。打磨抛光机器人一般分为工具型打磨机器人和工件型打磨机器人两种。

图 2-6　打磨抛光机器人

　　打磨抛光机器人一般有以下特点：

　　1）提高打磨质量和产品光洁度，保证其一致性。

　　2）提高生产率。

　　3）改善工人劳动条件，可在有害环境下长期工作。

　　4）缩短产品改型换代的周期，减少相应的设备投资。

　　打磨抛光机器人正广泛应用于卫浴五金、汽车、医疗器械、木材建材家具制造、民用产品等行业。在传统制造行业中，抛光、打磨是最基础的一道工序，但是其成本占到总成本的30%。由于劳动力成本越来越高，这种岗位的成本也越来越高。以卫浴行业为例，如果使用打磨抛光机器人，成本可降低，另外产品品质更好，抛光、打磨颜色更均匀。纵观全球产业化发展，随着人口红利的消失、产品成本降低和产品质量要求提高等因素，打磨抛光机器人的市场前景一片光明。

　　工业机器人可以完成搬运、堆垛、焊接、喷涂、水切割、抛光、打磨、上/下料、装配等工作，机器人提高了生产效率，替代人们从事繁重、危险、枯燥的工作，但对于人们的工作要求也有所改变。因此一定要积极适应产业技术快速迭代升级与就业结构不断向高端技术层次转化，增强自己持续学习与终身学习能力，增强就业适应性。

2.2　工业机器人的典型系统组成

　　工业机器人是综合了当代机构运动学和动力学、精密机械设计发展起来的产品，是典型的机电一体化产品。从系统结构上来看，工业机器人由三大部分、六个子系统组成。其中，

三大部分是机械本体部分、传感部分和控制部分，六个子系统是机械结构系统、驱动系统、传感系统、人机交互系统、控制系统以及机器人-环境交互系统，如图2-7所示。

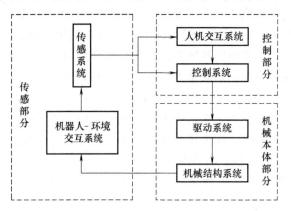

图 2-7 工业机器人典型系统组成

2.2.1 机械本体部分

工业机器人的机械本体部分是工业机器人的重要部分，其功能为实现各种动作。其他组成部分必须和机械本体相匹配，相辅相成，组成一个完整的工业机器人系统，如图2-8所示。机械本体是工业机器人赖以完成作业任务的执行机构，一般是一台机械手，可以在确定的环境中执行控制系统指定的操作。典型工业机器人的机械本体一般由手部（末端执行器）、腕部、臂部、腰部和基座构成。机械本体多采用关节式机械结构，一般具有6个自由度，其中3个用来确定末端执行器的位置，另外3个则用来确定末端执行器的方向（姿势）。机械臂上的末端执行器可以根据操作需要换成焊枪、吸盘、扳手等作业工具。

图 2-8 工业机器人本体部分

2.2.2 传感部分

随着工业机器人技术的不断发展，其不再只是搬运重物的工具，传感器技术的应用，让工业机器人变得智能化。传感器为工业机器人增加了感知能力，为工业机器人高精度智能化的工作提供了基础。应用于工业机器人的传感器主要有以下几类。

1. 二维视觉传感器

二维视觉传感器主要是由一个摄像头组成，它可以完成物体运动的检测以及定位等功能。二维视觉传感器已经出现了很长时间，许多二维传感器可以配合协调工业机器人的行动路线，根据接收到的信息对机器人的行为进行调整。

2. 三维视觉传感器

三维视觉传感器已逐渐兴起，其必须具备两个摄像机在不同角度进行拍摄，这样物体的三维模型可以被检测识别出来。相比于二维视觉系统，三维传感器可以更加直观地展现事物本身，如图2-9所示。

图 2-9　三维视觉传感器

3. 力扭矩传感器

力扭矩传感器是一种可以让机器人感知到"力"的传感器，其可以对机器人手臂上的"力"进行监控，根据数据分析，对机器人接下来行为做出指导，如图2-10所示。

4. 碰撞检测传感器

工业机器人尤其是协作机器人最大的要求就是安全，要营造一个安全的工作环境，就必须让机器人识别事情的安全性。一个碰撞检测传感器的使用，可以让机器人理解自己碰到了什么东西，并且发送一个信号暂停或者完全停止机器人的运动，如图2-11所示。

图 2-10　力扭矩传感器

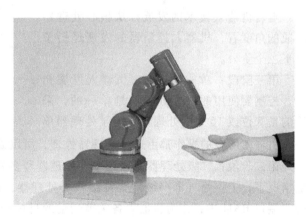

图 2-11　碰撞检测传感器在工业机器人中的应用

5. 安全传感器

与上面的碰撞检测传感器不同，使用安全传感器可以让工业机器人感觉到周围存在的物体，避免机器人与其他物体发生碰撞，如图 2-12 所示。

6. 其他传感器

除了以上介绍到的传感器，应用在工业机器人中的还有许多其他传感器，比如焊接缝隙追踪传感器，如图 2-13 所示，要想做好焊接工作，就需要配备一个这样的传感器，还有触觉传感器等。传感器为工业机器人带来了各种感知能力，这些感知能力帮助机器人变得更加智能化，且其工作精确度更高。

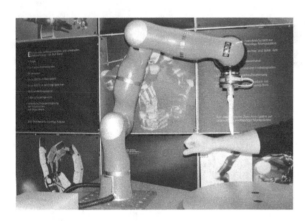

图 2-12　安全传感器在工业机器人中的应用

图 2-13　焊接缝隙追踪传感器
在工业机器人中的应用

2.2.3　控制部分

机器人的控制器是其重要组成部分，与机器人的机械本体相比，它们处于同等重要的地位。它的作用主要是根据输入程序对驱动系统和执行机构发出控制指令信号，对整个机器人的操作进行控制，如图 2-14 所示。

1. 控制器的发展

随着机器人技术的发展，从核心处理器组成的角度看，机器人控制器的发展经历了以下三个阶段。

第一阶段：单一处理器。机器人发展初期，控制器使用的核心处理器是单一的，采用的是 8 位或 16 位的处理器。由于处理器单

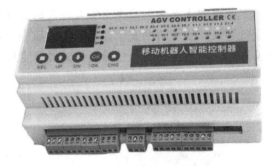

图 2-14　机器人的控制器

一，机器人所有的操作都由这一处理器处理，所以处理效率低下，操作动作缓慢。

第二阶段：二级处理器。介于单一处理器和多处理器之间，这时的处理器分为两级，一般情况下，上一级（即一级）为高级核心处理器，将前一步的运算结果送到用于数据交换的双端口 RAM 中，作为机器人各关节运动的目标指令，并负责机器人语言编译、人机交互接口和系统事件管理等功能的实现。下一级（即二级）处理器对该双端口 RAM 进行读操作

获得数据，并在一级处理器运动指令的控制下进行各个关节电动机位置控制。这两级通过双端口 RAM 进行数据交换，一定程度上可以扩展，但扩展空间较小。日本早期研制的 Motoman 机器人的控制器就采用这种模式。

第三阶段：多处理器。是目前机器人应用最为广泛的一种处理器结构。多处理器中同样有分级，一级仍为高级核心处理器，作用与第二阶段的一级处理器差不多。但二级处理器有多个，这种模式的一级处理器与二级处理器通过总线进行数据交换，控制性能和操作速度明显提高，同时功能升级和可扩展空间大大提高。

从控制模式的角度，机器人控制器的发展经历了以下三个阶段。

第一阶段：集中式控制。一般是单一处理器的情况下，机器人的所有操作都由同一处理器处理，所有操作都是这一处理器集中控制。

第二阶段：主从式控制。至少在有两个处理器的情况下，一个处理器处于上一级控制，另一个处理器处于下一级控制。

第三阶段：分布式控制。是在有多个处理器的情况下，每个处理器负责一个或几个部件的控制，处理器相互不影响，但都要受上一级处理器的调控。

2. 控制器的组成

现在工业机器人控制器架构一般为多处理器分布式的模式，具体来说主要有两种形式：一种是计算机和机器人控制卡操作机器人模式，另一种是嵌入式处理器和实时操作系统自动控制模式。它们基本都是由以下几个方面组成：

1）控制 PC 或嵌入式处理器：除单独的控制 PC 外，一般用的是 8 位或 16 位单片机，成本较低、技术较成熟；也可以是嵌入式数字信号处理器，如 DSP，一般用 C 语言编程，其算法的可塑性强，较灵活。

2）示教盒：用于对工业机器人进行轨迹的示教、参数的设定，是人机交互的接口。

3）存储设备：用于储存工业机器人的工作程序和数据。

4）各种输入/输出接口：用于各种信息和数据的输入或输出。

5）传感器：用于机器人状态的自动检测，以实现实时控制，一般为力学传感器、触觉和视觉传感器。

6）轴控制器：用于完成控制工业机器人各关节的位置、速度和加速度。

7）通信接口：实现工业机器人和其他设备的信息交换，一般有串行接口、并行接口等，包括与网络信息通信的网络接口。

3. 控制器的功能

1）示教功能：示教功能是工业机器人的首要功能之一，有离线示教（即离线编程）、在线示教，在线示教包括示教盒和导引示教两种。

2）记忆功能：工业机器人的发展是建立在计算机发展基础之上的，计算机有存储器，因而有记忆功能。工业机器人也有存储器，因而也有记忆功能。

3）与其他设备通信的功能：工业机器人能通过已有的各种接口与其他设备进行通信。

4）参数设置功能：能设置与操作有关的各种参数。

5）人机对话功能：能通过示教盒、操作面板、显示屏进行人机交互。

6）自我检测功能：能通过各种传感器进行自我检测。

7）自我诊断功能：工业机器人在运行时可对系统状态进行监控，故障状态下能进行自我诊断、保护。

2.2.4 示教器

在未来的工作和生活中，特别是工业场景中，机器人将被"不知疲倦"地使用去做满足人类需求的各种事情。因此，机器人需要高度柔性、高度开放，并具有友好的可编程人机交互界面。示教技术就是能让机器人被编程进而能够完成不同任务的技术。

微视频2-1
认识示教器

微视频2-2
示教编程

1. 机器人的示教分类

1）直接示教和遥控示教。直接示教可以理解成通常所说的手把手示教，如图 2-15 所示。例如，在使用机器人进行喷涂作业前，需要人工牵动机器人的手臂进行喷涂作业，相当于先人工给机器人进行示范，以达到示教的目的。在这个过程中，需要选择相关的坐标系以进行位置的标定，这些坐标系有关节坐标系、工具坐标系、用户坐标系和直角坐标系等。这种示教方式操作简单、直接快速，但在有的场合却并不适用，比如当机器人较庞大时，使用机器人进行危险操作时，或机器人操作的工具较危险时。

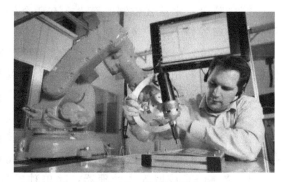

图 2-15　直接示教

当机器人不适合用人工牵动手臂进行示教时，可采用编程的方式进行示教再现。首先，由人工观察机器人的作业姿势，然后人工通过示教盒对作业姿势以及一些其他参数进行设定，使机器人操作的整个过程的数据被记录下来，再通过插补，就完成了对机器人的示教。

2）离线编程示教。离线编程示教主要是运用软件进行机器人操作任务的编程，如图 2-16 所示。一般可以分为执行编程和任务编程。在进行编程前，常用的图形软件主要是 CAD 或 CAM，用来建立机器人的工作环境模型，再用机器人的编程语言，一般为高级语言对机器人的操作进行编程，最后可以在模拟的环境中进行机器人操作仿真，并进行修正或改善。离线编程示教的整个过程不需要真实的机器人进行操作。

微视频2-3
手动调试

图 2-16　离线编程示教

3）VR示教。VR示教即 Virtual Reality 虚拟现实示教，如图2-17所示。虚拟现实是现在图形、图像发展的新方向，在各个领域都有应用，VR示教是虚拟现实技术在机器人示教方面的应用。这种示教高度虚拟化，具有更加形象的操作环境，更加高级的人机接口。

微视频2-4
自动运行

4）拖拽示教。传统的拖拽示教依赖于外置机器人的多维操作传感器，利用该传感器获取的信息，牵引机器人末端在笛卡尔空间下做线性或者旋转的运动。但传统的拖拽示教方法无法回避两个问题：一个是由于额外的多维操作传感器的配置，增加了机器人的生产成本；另一个是由于多维操作传感器只能控制机器人末端的笛卡尔空间，所以无法很好地控制单轴运动，使得机器人的运动十分僵硬，不利于真正的拖拽示教，尤其是要微调到特定的点的时候，可能还需要传统的遥控示教盒辅助。目前，更为直接的机器人拖拽示教方法，是借助机器人的动力学模

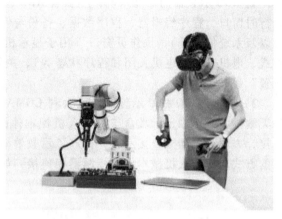

图 2-17　VR示教

型，控制器可以实时算出机器人被拖拽时所需要的力矩，然后提供该力矩给电动机，使得机器人能够很好地辅助操作人员完成拖拽。

优傲机器人作为人机协作机器人，其中一个最大特点就是可以完成"拖拽示教"，如图2-18所示。实现拖拽示教，首先需要在示教器完成初始化过程，即在"设置机器人"窗口，选择"初始化机器人"，单击"开"并按下"启动"按钮，然后按住示教器背面的黑色"自由驱动"按钮，再用另一只手拉住机械臂，就可以拖拽示教了。

图 2-18　优傲机器人完成"拖拽示教"

2. 主流示教器

示教器是机器人的重要组成部分，主流的示教器生产厂家有瑞士 ABB、德国 KUKA、日

本安川电机和 FANUC、美国 Adept 和 S-T Robotics、意大利 COMAU、英国 Auto-tech Robotics 等。

1）瑞士 ABB 示教器。瑞士 ABB 公司的示教器由硬件和软件组成，如图 2-19 所示，从功能上来说，它是一个独立且功能完整的计算机，它主要由使动装置、连接器、触摸屏、紧急停止按钮和控制杆组成。

就 ABB 示教器的功能来说，主要有 ABB 菜单（包括 Hot Edit、输入和输出、微动控制、运行时窗口、程序编辑器、程序数据、备份与恢复、校准、控制面板、事件日志、资源管理器以及系统信息等）、操作员窗口（用于显示机器人反馈的信息）、状态栏（用于显示操作模式、电机开启、电机关闭和程序状态等）、关闭按钮、任务栏（用于显示视图）和"快速设置"菜单。

2）意大利 COMAU 示教器。意大利 COMAU 公司的示教器多以无线示教器为主，在这种无线技术应用中，示教盒与机器人机械本体的控制单元采用像手机一样"配对"的方式连接，方便了机器人直接示教，提高了示教效率。如果是有线连接，该种示教器可以以热插拔的方式与机器人机械本体的控制器相连接，如图 2-20 所示。

图 2-19　瑞士 ABB 示教器

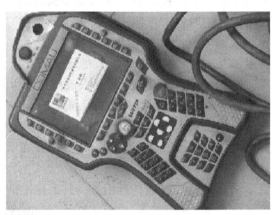

图 2-20　意大利 COMAU 示教器

3）日本安川电机示教器。日本安川电机示教器进行位姿示教时，可以采用实际机器人示教的方式，比如直接示教和遥控示教。也可以采用脱离机器人的示教方式，比如离线示教和 VR 示教。通过过程控制台和编程器示教盒可以随时观察并设置各种参数，同时利用插补的方式使示教再现，如图 2-21 所示。该类示教器的缺点是无法使机器人作业姿态与路径达到最优，在操作过程中还会一定程度上影响到操作人员的人身安全。示教器在使用过程中首先是操作人员通过对示教器按钮进行手动操作遥控机器

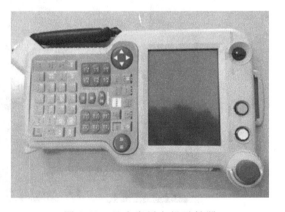

图 2-21　日本安川电机示教器

人，示教器会记录下操作人员的动作指令并传送给控制器以达到控制机器人的目的，并可以让机器人实现再现操作。

2.3　工业机器人的技术指标

2.3.1　自由度

自由度是指机器人所具有的独立坐标轴运动的数目。机器人的自由度是根据它的用途来设计的，在三维空间中描述一个物体的姿态需要 6 个自由度，机器人的自由度，可以少于 6 个，也可以多于 6 个。大多数机器人从总体上看是个开链结构，其中可能包含局部闭环结构，闭环结构可以提高刚性，但是会限制关节的活动范围，工作空间会缩小。

自由度是机器人的一个重要的技术指标，通过自由度可以反映机器人的通用性和对某些工作的适应性，一般用来表示机器人作业的自由程度，多以操作机器人独立驱动的关节数目来表示。

一般来说，用于不同作业的机器人，所需要的自由度不同。从应用的角度看，自由度越多的机器人，应用相对来说要广泛一些，可调整性也要强一些，相对来说比较灵活，通用性更好。从设计角度看，自由度越多的机器人，其结构越复杂，设计越复杂，成本也较高。所以在设计生产机器人的时候要权衡，既要满足应用需要，又要使设计、生产成本较低。在应用中，一般用于简单重复工作的机器人，自由度大概是 4~6 个，比如用于搬运、堆垛的机器人。一般用于比较精细重复工作的机器人，自由度大概是 6~7 个自由度或者更多，比如焊接机器人和喷涂机器人。

2.3.2　额定负载

额定负载是指在机器人正常工作时，在不使机器人工作性能降低的情况下，其手部末端能够承受的最大负载。机器人的负载主要包括两部分，一部分是机器人手部本身的重量，另一部分是手部工作时所持物品或工具的重量。对于弧焊机器人和喷涂机器人，这个额定负载的设计并不是很复杂，但对于用在搬运或堆垛应用的机器人来说，在设计、生产时，额定负载这一指标的标定过程就比较复杂，需要考虑的因素较多，且验算、模拟或仿真过程必须非常严谨。不同功能用途的机器人，它们的额定负载不一样，见表 2-1。

表 2-1　不同功能用途的机器人的额定负载

工作类型	搬运	堆垛	弧焊	点焊	喷涂	装配
额定负载/kg	5~200	50~750	3~20	50~300	5~20	2~25

机器人负载不仅取决于负载质量，而且还和机器人的运行速度、加速度的大小和方向有关。另外，机器人的负载能力是指其高速运行时的负载能力，负载能力不仅要考虑负载质量，还要考虑机器人末端操作器的质量。

2.3.3　工作精度

机器人的工作精度也称为重复定位精度，指的是机器人末端在工作时实际的定位位置与设计或预设的定位位置的偏差。机器人的工作精度与工作任务类型、额定负载有一定的关系。一般额定负载越大，工作精度就越小。一般情况下，机器人重新定位其手部末端于同一目标位置的能力，可以用标准偏差这个统计量来表示。

搬运机器人的工作精度一般为 $\pm 0.2mm \sim \pm 0.5mm$；堆垛机器人的工作精度一般为 $\pm 0.5mm$；弧焊机器人的工作精度一般为 $\pm 0.08mm \sim \pm 0.1mm$；点焊机器人的工作精度一般为 $\pm 0.2mm \sim \pm 0.3mm$；喷涂机器人的工作精度一般为 $\pm 0.2mm \sim \pm 0.5mm$；装配机器人的工作精度一般为 $\pm 0.02mm \sim \pm 0.1mm$。

2.3.4 工作空间

工作空间也称为工作范围、工作行程，是指机器人在工作过程中，其手腕参考点所能自由到达的空间范围，一般是以臂部和手腕工作时运动所能覆盖的工作区域的体积来表示。对于不同类型的机器人，工作空间是不同的，用于不同类型工作的机器人的工作空间也有可能不一样，一般工业上单体机器人的工作空间可以达到 3.5m 左右。工作范围的好坏和大小是十分重要的，机器人在进行某一个作业的时候，可能会因为存在手部不能到达的作业死角而不能完成任务。

2.3.5 最大工作速度

工作速度是指机器人在正常工作条件下，机械接口中心或工具中心点在工作空间范围内所移动的快慢，通常指机器人手臂末端的最大速度，工作速度直接影响到工作效率，提高工作速度可以提高工作效率，所以机器人的加速、减速能力显得尤为重要，需要保证机器人加速、减速的平稳性。根据不同的应用环境，机器人的工作速度可以分为位移速度和角速度。最大工作速度是指机器人手腕中心在工作空间内单位时间移动的位移速度或角速度，该指标一般用于描述机器人的工作效率。

习 题 2

一、选择题

1. 在三维空间中描述一个物体的姿态最低需要（   ）个自由度。

A. 6   B. 5   C. 7   D. 8

2. 搬运、堆垛机器人的自由度一般需要（   ）。

A. 4~6   B. 6~8   C. 2~4   D. 不需要自由度

3. 下列属于装配机器人的额定负载范围的是（   ）（单位：kg）。

A. 5~200   B. 50~750   C. 5~20   D. 2~25

4. 在工业机器人的技术指标中，通过（   ）可以反映工业机器人的通用性和对某些工作的适应性。

A. 自由度   B. 工作空间   C. 工作精度   D. 额定负载

5、工业机器人的出现，对社会的影响不包括（   ）。

A. 可以使劳动生产率得到提高   B. 可以使企业的市场竞争力得到提高

C. 可以使机器去取代人类从事各种劳动   D. 可以使社会的技术创新能力得到提高

6. 下列不属于搬运机器人特点的是（   ）。

A. 能进行分类、搬运、传送，实现过程自动化

B. 处理器能对机械进行准确控制和对目标进行准确跟踪

C. 机械结构相对简单、所用零部件较少

D. 通过图像识别控制机器的方法，可应用到其他领域

7. 下列不属于喷涂机器人特点的是（　　）。

A. 柔性大，工作范围大

B. 易于操作和维护，可离线编程，大大缩短现场调试时间

C. 提高喷涂质量和材料使用率

D. 设备利用率低，淘汰率高

8. 下列不属于水切割机器人特点的是（　　）。

A. 环保无污染、不产生有毒气体及粉尘　　　　　　　B. 生产率不高

C. 改善工人劳动条件，可在有害环境下长期工作

D. 24h 连续工作

9. 下列不属于打磨抛光机器人特点的是（　　）。

A. 提高打磨质量和产品光洁度，保证其一致性

B. 生产成本高

C. 自动化程度高

D. 降低对工人操作技术的要求

10. 对机器人进行示教时，作为示教人员必须事先接受过专门的培训。与示教人员一起进行作业的监护人员，处在机器人可动范围外时，（　　），可进行共同作业。

A. 不需要事先接受过专门的培训　　　　　　　B. 必须事先接受过专门的培训

C. 没有事先接受过专门的培训也可以

二、填空题

1. 工业机器人最早应用于_____工业，常用于_____、喷漆、上/下料和_____工作。

2. 码垛机器人除了具有搬运功能外，还有_____、_____的功能。

3. 焊接机器人是从事_____、焊接以及_____的工业机器人。

4. 喷涂机器人可以分为_____机器人和_____机器人。

5. 工业机器人三大部分是_____、_____和_____。

6. 典型工业机器人的机械本体一般由_____、_____、_____、_____和_____构成。

7. 机器人的控制器是其重要组成部分，它的作用主要是根据输入程序对_____和_____发出控制指令信号，对整个机器人的操作进行控制。

8. 主流的示教器包括_____、_____和_____。

9. 焊接和喷涂机器人用于比较精细重复工作自由度大概是_____自由度或者_____。

10. 额定负载与工作精度的关系是_____。

三、判断题

1. 工业机器人由操作机、控制器、伺服驱动系统和检测传感装置构成。　　　　　　（　　）

2. 被誉为"工业机器人之父"的约瑟夫·英格伯格最早提出了工业机器人概念。　　（　　）

3. 工业机器人的机械结构系统由基座、手臂、手腕、末端操作器 4 大件组成。　　（　　）

4. 喷漆机器人属于非接触式作业机器人。　　　　　　　　　　　　　　　　　　（　　）

5. 堆垛机器人本质上就是搬运机器人。　　　　　　　　　　　　　　　　　　　（　　）

四、简答题

1. 工业机器人有哪些典型应用？

2. 打磨机器人有哪些特点？

3. 简述工业机器人的典型系统组成。

4. 简述控制器的功能。

5. 简述工业机器人的技术指标。

第3章　工业机器人的典型岗位

工业机器人应用于工业领域的方方面面，虽然目前机器人应用在一部分工作岗位，但是工业机器人始终需要维修、保养，所以相对应的工业机器人操作、运行维护、系统集成等岗位的需求也与日俱增。工业机器人相关企业在招聘员工时对具体岗位也有相关知识、技能和素质要求。通过本章的学习，了解工业机器人相关工作岗位的知识和技能要求、职业生涯发展方向；熟悉工业机器人的项目实施，包括方案设计、制造装配以及现场安装、调试等岗位的工作流程。

知识目标

1. 掌握工业机器人的项目实施流程。
2. 熟悉工业机器人行业相关的人才需求、岗位职责和技能要求。
3. 了解工业机器人在世界各国和各行业的人才及岗位需求。

能力与素质目标

1. 具备工业机器人项目实施的能力。
2. 学会工业机器人方案设计、制造装配和现场装调等岗位的基本技能。
3. 具备正确的劳动价值观，崇尚劳动、尊重劳动。

3.1　工业机器人行业分析

工业机器人行业的上游为控制器、伺服系统、减速器、传感器、末端执行器等核心零部件的生产，中游为工业机器人本体生产及基于终端行业特定需求的工业机器人系统集成，下游为应用，主要对接包括汽车、电子、家电制造等对自动化、智能化需求较高的行业。工业机器人行业上中下游关系如图 3-1 所示。

3.1.1　工业机器人行业的上游企业

从工业机器人的成本构成看，其中技术难度最高的三大核心零部件分别是减速器、伺服系统、控制器，三者分别占工业机器人成本构成的 35%、25%、10%。核心零部件成本大约占到工业机器人整机成本的 70% 左右。

（1）减速器　减速器是工业机器人三大核心零部件之一，它可以使伺服电动机在适当的速度下运行，并且可以准确地将转速降低到工业机器人各个部位所需的速度，同时提高

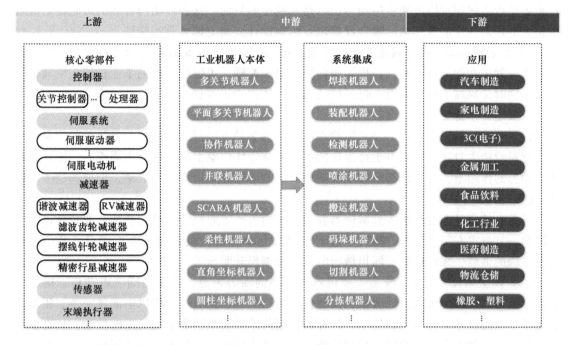

图 3-1　工业机器人行业上中下游关系图

了输出力矩。相对于普通减速器来说，工业机器人关节中的减速器要具有体积小、重量轻、功率大以及控制方便等特点。

工业机器人通常会执行重复的动作，以完成相同的工艺流程，为了确保工业机器人能够可靠地完成任务，保证工艺质量，对于工业机器人的重复定位精度和定位精度都提出了很高的要求。因此，需要使用减速器来提高和保证工业机器人的精度。

1）RV 减速器。RV 减速器是在传统的摆线针轮和行星齿轮这两种减速器的基础上发展而来的一种新型传动机构，具有结构紧凑、传动大、寿命长、精度稳定、效率高等多个优点，在关节型工业机器人中得到了广泛的应用。工业机器人伺服电动机的动力是通过减速器输入轴上的齿轮传递，使输出轴上的大齿轮啮合，以达到减速的目的，其大小齿轮的齿数比也就是传动比。

RV 减速器的工作原理：RV 减速器外壳的内环圈内装有圆柱形的销，RV 齿轮的偏心运动导致销与 RV 齿轮的啮合和啮离，同时出现了多个 RV 齿轮与销的啮合，提高了负载能力。因为 RV 齿数比销少了一个数目，所以当偏心轴旋转一圈时，若是固定外壳，RV 齿轮与输入轴会往同一方向旋转一个齿的角度。输出端可以是外壳或者传动轴，若外壳为固定，则传动轴为输出，输出的方向是相同的。若传动轴为固定，外壳则为输出，而输出的方向正好相反。

2）谐波减速器。谐波减速器是一种齿轮减速器中的新型传动机构，通常用于负载较小的工业机器人，由固定的刚轮、柔轮以及波发生器等部分组成，其中刚轮的齿数略多于柔轮的齿数。谐波减速器具有传动大、体积小、零件数量少、传动效率高等多个优点，其单机传动比可达 50~4000，传动效率可高达 92%~96%。

谐波减速器的工作原理：谐波减速器利用了柔轮产生可以控制的弹性变形波，使内齿刚轮和柔轮齿之间相对错齿来传递动力，以达到减速的目的。这种传动与普通的齿轮传动有着本质上的区别，在啮合理论、集合计算以及结构设计方面上都具有特殊性。

3）行星减速器。行星减速器中的行星，就是三个围绕着太阳轮转动的行星轮。行星减速器是一种多功能的减速装置，也叫作伺服行星减速器，可以用来降低工业机器人电动机的转速，同时又提高了输出力矩。行星减速器具有体积小、重量轻、噪声低、寿命长、载荷能力高以及运行平稳等多个优点。

行星减速器的工作原理：当太阳轮在电动机的驱动下进行转动时，与行星轮的咬合作用会使行星轮产生自转，同时由于行星轮的另一侧与壳体内壁上的环状内齿圈咬合，因此在自转驱动力的作用下，行星轮会沿着太阳轮旋转的方向在环状内齿圈上滚动，形成围绕太阳轮转动的"公转"运动。

目前有越来越多企业进入到减速器领域，国内生产工业机器人减速器的企业数量也在逐渐增多，且技术在逐步提升。2021年减速器领域国产品牌市场占有率略有提升，其中环动科技、绿的谐波、来福谐波、同川精密的市场份额提升明显。

（2）伺服系统　伺服系统是工业机器人主要的动力来源，主要由伺服电动机、伺服驱动器、编码器三部分组成。伺服系统又称位置随动系统，是通过运用机电能量变换、驱动控制技术、检测技术、自动控制技术、计算机控制技术等实现精准驱动与系统控制，从而实现执行机构对未知指令准确跟踪的控制系统，被广泛应用于航空航天、国防领域以及工业自动化等自动控制领域。

（3）控制器　控制器是工业机器人三大核心零部件之一，主要负责对工业机器人发布动作指令，控制工业机器人在工作中的运动位置、姿态和轨迹，并决定着工业机器人的性能。

国外厂商凭借着在工业机器人核心技术领域的深厚积淀，目前在中国工业机器人市场的占有份额较高，尤其在上游核心零部件方面。但在发展过程中仍然涌现出一批具有代表性的企业，如新松机器人、新时达、汇川技术、广州数控、华中数控、固高科技等。

3.1.2　工业机器人行业的中游企业

（1）工业机器人厂商　工业机器人厂商是工业机器人行业的核心企业，经过多年发展，形成了众多品牌厂商，它们掌握着工业机器人的核心技术。

目前我国工业机器人市场外资品牌占据较高的市场份额，如 FANUC、ABB、安川、爱普生和 KUKA 等，国产品牌以埃斯顿、众为兴、汇川技术等为代表，它们起步时间较早，已具备一定规模和技术实力。

（2）工业机器人系统集成商　工业机器人系统集成商为终端客户提供工业机器人应用解决方案，其负责工业机器人应用的二次开发和周边自动化配套设备的集成，是工业机器人自动化应用的重要组成部分。

在中国市场上，国外品牌的主要销售渠道是系统集成商，还有很多小型系统集成商，同时肩负着售后服务及维修保养的职责。

埃斯顿作为工业机器人及智能制造系统提供商和服务商排名第一，库卡（KUKA）、汇川技术排名第二和第三，新松机器人、新时达机器人、绿的谐波、博实股份、科大智能、南京熊猫、拓斯达进入前十，依次排名第 4~10 名。

3.1.3 工业机器人行业的下游企业

工业机器人终端应用主要集中在电子、汽车、金属加工、锂电池、光伏等行业。根据 MIR DATABANK 的数据，2021 年一季度，电子、汽车零部件、汽车电子、汽车整车、金属制品、食品饮料等行业的应用占比分别为 30%、8%、6%、5%、17%、7%。中国工业机器人应用行业结构如图 3-2 所示。

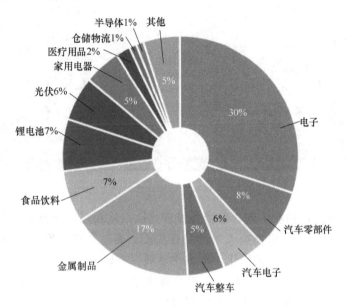

图 3-2 中国工业机器人应用行业结构

3.2 工业机器人岗位分析

3.2.1 机器换人现象

随着我国工业机器人生产数量的增加，各行业应用机器人的岗位越来越多。一段时间以来，"机器换人"概念出现在人们的视野里。特别是在一些汽车行业、电子行业尤为突出，如图 3-3 所示。

"机器换人"是以现代化、自动化的装备提升传统产业的生产效率，利用工业机器人、自动化控制设备或流水线自动化对企业进行智能技术改造，实现增效、提质、保安全的目的。通俗来讲，"机器换人"就是在用工紧张和资源有限的情况下，通过提升机器的办事效率，来提高企业的产出效益。通常在电子、机械、食品、纺织、服装、家具、鞋业、化工、物流等重复劳动特征明显、劳动强度大、有一定危险性的行业领域企业中，特别是劳动密集型企业中应全面推动实施"机器换人"，推进工业机器人智能装备和先进自动化设备的推广应用和示范带动，进一步提高企业劳动生产率和技术贡献率，培育新的经济增长点，加快产业转型升级。

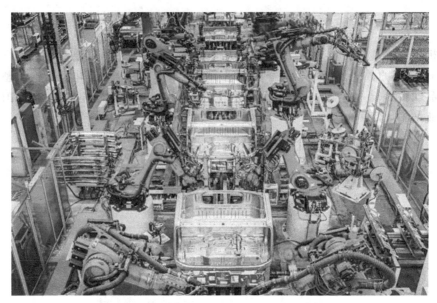

图 3-3　工业机器人参与到汽车生产中

　　"机器换人"应遵循精益法则，以精益管理为原点从顶层设计开始，打造精益模式下的自动化导入，才是中国式"机器换人"的最佳实践。通过"机器换人"，推动企业技术改造向机器化、自动化、集成化、智能化、生态化发展，有以下几步：

　　第一步，推进"机器换人"。对于生产过程中单一、琐碎的重复性作业以及危险度高、强度大、重污染等工序，可引进相应的机械设备，既能缓解用工压力，又可降低用工及管理成本，保障安全环保生产。

　　第二步，推进"自动换机械"。虽然大部分企业已经或多或少引进了普通的机床和简单的机械设备用于生产作业，在生产过程中仍需要大量的人工干预，存在人员过多和不能产生同等价值等问题。在此种情况下，可以引进自动化设备去替换普通装备，并通过自动化实现一人多机作业，完成有序、高效生产。

　　第三步，推进"成套换单台"。在生产加工过程中，单节点的瓶颈工序进行作业改善，可以消除影响，但会导致局部高效、总体失衡，引发工序的不平衡和生产线工艺的脱节。只有新开发和重组生产工艺，平衡工序，形成连续高效集成的自动化生产线，才能实现综合效益最大化。

　　第四步，推进"智能换数字"。已采用数字化加工设备较多的企业，采用自动检测、智能仿真、流程控制、模拟人工判断、自动故障排除等高端先进技术，并在精益生产管理、人力资源管理、信息化建设等领域升级创新，真正迈入"智造"时代，形成黑灯工厂、无人工厂。

　　一般工业机械替代的是人的体力，而工业机器人弥补的是手工操作无法达到的精度，以及人员无法胜任的工作环境或工作强度。至少从现阶段看，我国制造业中工业机器人和手工操作间的替代关系并不显著，工业机器人在高重复、高强度、高精度操作要求方面有突出的优势，而手工操作在先期投入、柔性化和空间灵活性方面具有突出的优势。国内制造企业大量采用工业机器人只是在部分产业和环节上替代手工操作，还有很多制造企业仍在大量使用手工操作，比如在流水线上组装手机。其原因就在于，一台智能手机大部分的工序还需要人工来完成。手机中有五六百个零部件，在四五寸的微小机体空间中要靠工业机器人一一组装起来，仍有难度。显然，手工操作的一些突出优势，目前工业机器人并不能完全达到。

因此，目前可以预测到一部分工作岗位将会被人工智能及工业机器人所代替，比如无人驾驶替代驾驶员、焊接机器人替代工厂中焊接工人等。但是除了可以看到一小部分工作可能会被工业机器人所取代，还应该看到工业机器人的应用会给社会带来更多的新工作岗位。随着工业机器人产业的发展壮大，未来将产生附加值更高的工作岗位，并且对从业人员素质与技术水平的要求更高。准确地说，未来工业机器人产业的发展对人的需求更大、要求更高，关键是科研水平、技术水平以及产业工人的素养能否赶上工业机器人产业迅速发展的步伐。由于工业机器人复杂度的增加，在研发、设计、生产、安装、调试和维修等环节对产业工人在多领域的技能编程以及系统处理等方面的知识储备提出了更高要求，而我国制造业在这方面的人才储备不足。

针对"机器换人"的现象，需要人们具有正确的劳动价值观，随着时代发展、科技进步，国家需要更多具有高素质技术的技能人才，而一般的体力劳动者的需要在减少，所以青年一代应该以学习新技术专业技能作为当前的主要目标，通过学校学习、参加技能训练，将自己培养为国家的有用之才。

3.2.2　工业机器人行业岗位

1. 行业人才的市场需求

机器人始终需要人来操作、维护和保养。人和机器的关系属于一种控制链的关系，因此只有将人与机器进行协同合作才能达到人机合一的效果，为企业创造更高的生产价值，所以工业机器人产业的壮大又为机器人服务人才制造了新的市场机会。"工业时代的机器人战略"势必导致部分工作被替代，但同时一台机器人需要 3~5 名相关的操作维护和集成应用人才，且大规模机器人的出现也会催生大量新岗位，包括机器人的研发、操控和维修等。

机器人制造厂商及其集成商（制造和销售方）需要大量制造、设计集成、安装调试、销售及技术服务工程师和技术人员。使用工业机器人的客户（购买方）需要大量操作与维护、编程与调试、维修与保养等应用工程师。机器人各类型企业所需人才见表3-1。

表 3-1　工业机器人各类型企业所需人才

机器人企业类型	典型企业	需求人才	就业岗位
机器人配件厂商	深圳研华 倍福自动化 重庆齿轮厂 兵工集团虎溪电机厂	机器人控制器、驱动器、减速箱、电动机等核心部件技术支持及销售人才	销售经理 技术支持工程师
机器人制造厂商	ABB、KUKA 沈阳新松 广州数控 重庆华数机器人有限公司	机器人组装、编程测试、销售、售后支持的技术和销售人才	销售经理 技术支持工程师

（续）

机器人企业类型	典型企业	需求人才	就业岗位
机器人系统集成商	富士康 重庆社平 重庆和平自动化 国杨控股 重庆机器人有限公司	机器人工作站的开发、仿真、编程、安装调试、技术支持等专业人才	机器人技术员 机器人方案仿真工程师 机器人集成工程师 机器人调试工程师 机器人方案销售经理
应用机器人的企业	长安福特 中国长安汽车集团有限公司 富士康	机器人工作站调试维护，操作编程等综合素质较强的技术人才	机器人维护工程师 机器人方案改造工程师 机器人编程工程师

  工业机器人技术人才发展的上升空间较大，初学者掌握了工业机器人的操作与编程，一般作为技术人员可以在机器人生产商、集成商从事销售及客服工作，在应用企业可以从事操作机器人、运行、维护，职位为技术见习生、销售客服助理。工作一年以后的工业机器人技术人才，掌握了1~2种工业机器人的安装、调试、检测、维修技能，可以在机器人生产商、集成商从事安装调试，技术支持。在应用企业可以从事检测维修、设备管理，职位为技术工程师、机器人集成工程师、销售客服工程师等。工作3~5年以后的工业机器人技术人才，掌握各类自动化（机器人工作站）流水线系统集成设计、开发，在机器人生产商、集成商、应用企业中可以从事自动化生产线开发、工业机器人工作站系统设计等工作，职位为高级工程师、项目经理。工业机器人行业企业具体岗位如图3-4所示。

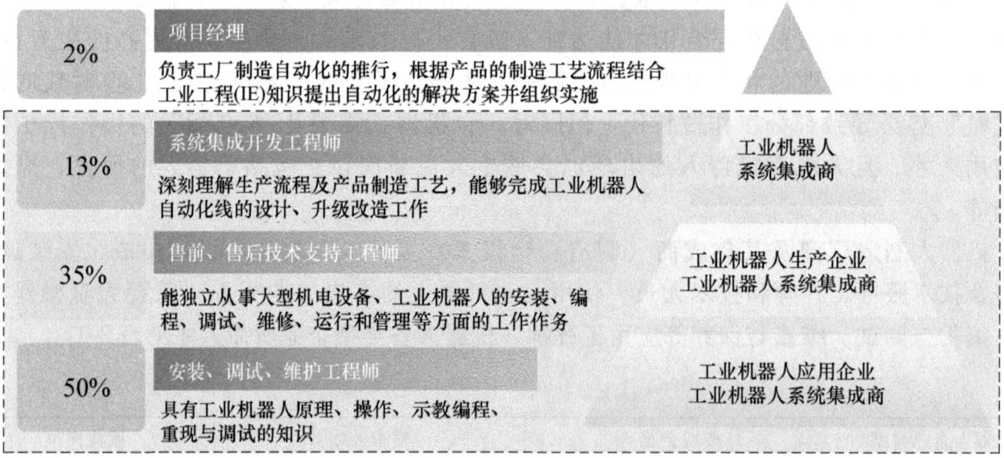

2%	项目经理 负责工厂制造自动化的推行，根据产品的制造工艺流程结合工业工程(IE)知识提出自动化的解决方案并组织实施	
13%	系统集成开发工程师 深刻理解生产流程及产品制造工艺，能够完成工业机器人自动化线的设计、升级改造工作	工业机器人系统集成商
35%	售前、售后技术支持工程师 能独立从事大型机电设备、工业机器人的安装、编程、调试、维修、运行和管理等方面的工作作务	工业机器人生产企业 工业机器人系统集成商
50%	安装、调试、维护工程师 具有工业机器人原理、操作、示教编程、重现与调试的知识	工业机器人应用企业 工业机器人系统集成商

图 3-4　工业机器人行业企业岗位

2. 机器人行业对人才的能力要求

  机器人作为一种技术含量高的设备，在使用过程中其设计、制造、安装、调试、操作、维护等工作需要大量的专业技术人员，随着机器人应用的日益广泛和装机容量的直线上升，对这类技术人员的需求也变得越来越迫切。机器人各类企业在招聘员工时对本各类岗位能力需求见表3-2。

表 3-2　工业机器人典型岗位的对应职业技能要求

序号	核心工作岗位	岗位描述	职业能力要求及素质
1	工作站系统方案设计及仿真	了解客户需求,结合企业具体情况,设计工业机器人工作站系统方案,制作多媒体文档,进行综合展示	1. 熟悉电气、工业机器人等相关国家规范; 2. 掌握一种主流电气设计软件的使用; 3. 掌握一种主流工业机器人系统接口应用方法; 4. 掌握一种主流 PLC 控制器使用方法; 5. 能编写典型逻辑控制系统程序、上位机程序、通信程序等; 6. 掌握视觉等传感器基本使用方法; 7. 文档及说明书撰写能力; 8. 沟通及团队协作能力
2	工作站系统电气系统集成	工作站电气系统方案设计,工业机器人及外围系统通信接口设计,电气控制系统实施	1. 能看懂电气、机械等原理图,按图施工; 2. 掌握常用安装调试工具软件使用方法; 3. 能根据系统相关功能要求,编写调试程序分步调试; 4. 安装调试相关数据记录及关键问题分析能力; 5. 与客户的沟通协调能力; 6. 能设计撰写相关安装调试报告,开发相关使用指南
3	工作站系统安装调试	按照系统结构图,安装调试工业机器人工作站系统。根据系统功能要求,设计调试相关程序,验证系统相关功能	1. 掌握一种典型工业机器人操作编程方法; 2. 能编写维护、保养计划,对工业机器人及工作站系统进行维护、保养; 3. 能识别工作站系统故障类型,并能排除常见故障; 4. 熟悉工作站系统生产工艺,熟悉系统整体程序架构,能根据生产要求,对工作站系统程序进行调整; 5. 能编写相关运行维护报告
4	工作站系统运行维护	工业机器人工作站系统常规保养,常见故障排除,根据相关工艺要求调整工业机器人系统程序	1. 掌握一种典型工业机器人操作编程方法; 2. 能编写维护、保养计划,对工业机器人及工作站系统进行维护、保养; 3. 能识别工作站系统故障类型,并能排除常见故障; 4. 熟悉工作站系统生产工艺,熟悉系统整体程序架构,能根据生产要求,对工作站系统程序进行调整; 5. 能编写相关运行维护报告
5	技术销售	熟悉工业机器人典型系统功能,针对客户不同需求,推荐相关工业机器人及系统方案	1. 熟悉工业机器人产业情况及各个典型工业机器人公司产品; 2. 熟悉 1~2 个工业机器人典型行业应用情况; 3. 具有一定的交流沟通能力; 4. 能发现客户潜在需求,并制订相应系统方案; 5. 常用办公软件使用能力; 6. 具有吃苦耐劳精神及团队协作的能力

3.3　工业机器人的项目实施

3.3.1　项目实施流程

在现代工业生产中,工业机器人一般都不是单机使用的,而是作为工业生产系统的一个组成部分来使用。将工业机器人应用于生产系统的一般过程如下:

1）全面考虑并明确自动化要求，包括提高劳动生产率、增加产量、减轻劳动强度、改善劳动条件、保障经济效益和社会就业率等问题。

2）制定机器人化计划。在全面可靠的调查研究基础上，制定长期的机器人化计划，包括确定自动化目标、培训技术人员、编绘作业类别一览表、编制机器人化顺序表和大致日程表等。

3）探讨使用机器人的条件。结合自身具备的生产系统条件，选用合适类型的机器人。

4）对辅助作业和机器人性能进行标准化处理。辅助作业大致分为搬运型和操作型两种，根据不同的作业内容、复杂程度或与外围机械在共同任务中的关联性，所使用的工业机器人的坐标系统、关节和自由度数、运动速度、作业范围、工作精度和承载能力等也不同，因此必须对机器人系统进行标准化处理工作。此外，还要判别各机器人分别具有哪些适于特定用途的性能，进行机器人性能及其表示方法的标准化工作。

5）设计机器人化作业系统方案。设计并比较各种理想的、可行的或折中的机器人化作业系统方案，选定最符合使用要求的机器人及其配套设备来组成机器人化柔性综合作业系统。

6）选择适宜的机器人系统评价指标。建立和选用适宜的机器人系统评价指标与方法，既要考虑到适应产品变化和生产计划变更的灵活性，又要兼顾目前和长远的经济效益。

7）详细设计和具体实施。对选定的实施方案进行进一步详细的设计工作，并提出具体实施细则、交付执行。

将工业机器人应用于生产的过程一般称为工业机器人系统集成项目。工业机器人系统集成是指由工业机器人应用集成公司将工业机器人和其他外部设备形成具体的工业机器人系统集成方案，并将方案中部件装配调试形成具体的工业机器人工作站或者生产线，最后交付给工业机器人应用企业。工业机器人项目的实施流程主要包括项目方案设计、制造装配以及现场安装和调试三个阶段，更加细化的流程如图3-5所示。

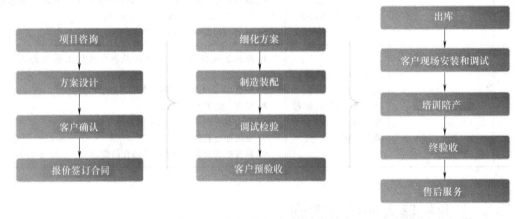

图3-5　工业机器人项目的实施流程

3.3.2　项目方案设计

1. 项目咨询

项目咨询是指工业机器人用户根据其自身需求与工业机器人制造商进行沟通的过程。在这个过程中，第一是用户向制造商描述自己的需求，比如需要用机器人做什么、应达到的程度等；第二是制造商根据用户提供的信息回答用户的疑问或提出建议；第三是客户提供必要的一些设计图纸，比如零件图纸；第四是制造商到客户工厂了解工艺流程、加工节拍、现场布局等相关资料信息，并到客户现场实地考察、核实、确定加工工件的工艺工序、尺寸、加工时间、产量等实际情况。

微视频3-1
项目方案设计

2. 方案设计

根据用户提供的信息和制造商了解到的信息，制造商设计一个较具体的方案，比如机器人的选型，根据所要设计的机器人负载和臂载等，确定选择的工业机器人机身和臂部的具体型号，根据性价比选择品牌；机器人的手爪选择，根据零件的重量，确定选择单手爪还是双手爪或四手爪，根据工件形状，确定选择是机械夹持还是真空吸附或电磁手爪等。

3. 用户确认

方案设计完成之后，制造商就可以给用户列一个用户确认单。确认单里包括工业机器人所有部件的性能参数、规格、型号以及将要用的数量等，同时还描述了将要生产出来的工业机器人所能达到的标准参数，比如外观体态、体积大小、重量、灵敏度以及工作后的预计工作效率等。

4. 报价及签订合同

在用户确认了设计方案之后，机器人制造商会根据方案提出一个报价，如果双方都没有什么异议，最后就进行合同的签订。

3.3.3 制造装配

1. 设计方案细化

设计方案细化是在签订合同之后，制造商开始准备前，对整个机器人制造实施过程的一个详细、具体的考虑。

微视频3-2
制造装配

1）考虑数控机床的选型，按工件加工工艺的要求，选择所需机床的类型；按工件材质不同，选择适用的机床；按工件加工的精度要求，选用不同精密机床；按工件形状，选用三轴或增加第四轴及五轴联动机床；按工件产量的需要，核定所需机床的数量。对所有符合这些条件，能满足加工要求的品牌机床，最终按性价比原则，做出选择。

2）考虑安装布局，根据工艺流程和车间现场条件确定机床和机器人安装方式。机器人的安装方式可以按照地装式、天吊式、架装式、龙门式。

3）考虑系统设计，总系统设计实现对机床和机器人的统一管理，实现机床自动切削，机器人配合数控机床加工过程中的自动上下料。

4）考虑上/下料机构等物料设备设计，根据上料机构的储料功能，保证2h以上加工的储备量。下料机构具备工件检测功能，配有人工抽检滑台。根据需要，配备零件搁置台，实现工件翻转。

2. 制造装配

按图定制手爪、上/下料机构、控制电柜等外围设备的零部件，把制造加工完成的外围设备零部件组装成部件成品，将机器人所需要的零部件都准备好之后，便可以在生产线上把机器人的样品制造出来了。

3. 调试检验

在机器人实际调试检验之前，根据设计方案做出机器人自动化的 3D 动态仿真模拟，防止机器人受周边设备干涉的风险。按照 3D 仿真位置，布置机器人和外围设备，并模拟运行。按技术协议要求，调试检验，直至符合要求。

4. 客户预验收

制造商在调试工业机器人时，可以请用户现场观摩，如果有问题可以及时和技术人员进行沟通，防止前期没有实物时的沟通不到位而带来的错误理解。如果没有问题，制造商和用户就可以按双方签订的《技术协议》进行验收。

3.3.4 现场安装和调试

1. 出库发货

如果所生产的工业机器人体积、质量不是很大，可以先在制造商的工厂进行组装，然后再将其运送到用户指定处进行安装；如果所生产的工业机器人体积、质量比较大，出库时不方便运送，则可以先将工业机器人的部件运送到用户指定处，再将工业机器人的部件进行组装，如图 3-6 和图 3-7 所示。

微视频3—3
现场安装
和调试

图 3-6　工业机器人出库发货

图 3-7　工业机器人部件组装

2. 进行现场安装和调试

工业机器人运送到用户指定现场后，按现场设计布局位置的要求，机床和工业机器人以及周边设施安装就位，比如机床数控系统的 PLC 与总控制 PLC 的连接、工业机器人接口与总控制的接口连接、周边设备接口与总控制的接口的连接。在安装调试过程中，首先一个必备环节就是现场示教。采用工业机器人示教器，通过点动找到工件上料夹持位坐标，并保持记忆；找到机床卡盘夹持位坐标，并保持记忆；找到机床卡盘下料的夹持位坐标，并保持记忆。其次模拟运行，按机器人 30% 速度运行。然后进行路径优化，按工业机器人 90% 速度运行。故障率考核，检测工业机器人自动化连续运行能力和工作质量等如图 3-8 所示。

3. 培训、进驻现场

工业机器人安装调试好之后，制造商需要派专门的技术人员对用户的相关人员进行操作培训，比如对机器人的编程操作培训、了解项目运行情况并处理问题、机器人使用的注意事项、机器人的安全操作规程、机器人的日常保养与维护等。对技术资料的学习，包括对机械目录、电器说明书、维修手册等资料的学习。除了对用户的相关人员培训之外，在用户的相关人员还未熟练掌握机器人的使用技术时，制造商是需要派技术人员进驻用户现场的，如图 3-9 所示。

a) 操作人员检测工业机器人

a) 操作培训

b) 工业机器人的调试

图 3-8　工业机器人现场安装调试

b) 技术人员进驻用户现场

图 3-9　操作培训、进驻现场

4. 最终验收及售后服务

在机器人正式投入使用后，用户与制造商还会组织一次最终的验收，主要是考查机器人是不是完全能够满足用户的需求，以及一些日常的使用情况，比如生产效率、出现故障频率等，如图 3-10 所示。一般来说，机器人的质量保障是在质保期内，按"三包"要求免费提供维修和配件；在质保期外，对于普通故障，可以电话、传真或电子邮件形式指导用户尽快恢复生产，对于用户不能自己解决的故障，制造商应提供上门服务，可适当收取服务费和材料

微视频3-4
最终验收及
售后服务

费。根据工业机器人制造商出厂的要求，按周期定期检查、保养清洗工业机器人，更换润滑油和电池等。

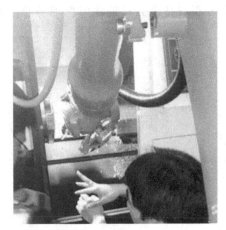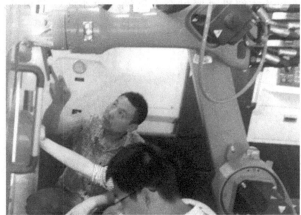

图 3-10　工业机器人的保养与维护

习 题 3

一、选择题

1. 从 2015 年开始，全球最大的工业机器人需求国（　　　）。

A. 德国　　　　　　　B. 英国　　　　　　　C. 中国　　　　　　　D. 美国

2. 从国家来说，工业机器人安装数量最多的国家是（　　　）。

A. 美国　　　　　　　B. 日本　　　　　　　C. 中国　　　　　　　D. 韩国

3. 我国首个工业机器人工厂建造在（　　　）。

A. 昆山　　　　　　　B. 东莞　　　　　　　C. 深圳　　　　　　　D. 郑州

4. 工业机器人项目的实施流程不包括（　　　）。

A. 项目方案设计　　　B. 制造装配　　　　　C. 现场安装调试　　　D. 机器人制造

5. 工业机器人项目现场安装调试过程中必备的环节是（　　　）。

A. 现场示教　　　　　B. 模拟运行　　　　　C. 培训、进驻现场　　D. 定期检查

二、填空题

1. 我国工业机器人安装数量是_____。

2. 自 2013 年以来，全球最大的工业机器人市场在_____。

3. 中国科学院的新松机器人是_____型机器人。

4. 工业机器人弥补的是手工操作无法达到的_____，以及人无法胜任的_____或工作_____。

5. 机器人虽然可以替代人类的某些工作，但同时也可以创造_____。

三、简答题

1. 哪些工作可以被机器人替代？

2. 简述工业机器人项目的现场装调的过程。

3. 简述工业机器人项目的制造装配的过程。

4. 简述工业机器人项目的方案设计过程。

第4章　服务机器人的技术应用

　　服务机器人是一种半自主或全自主工作的机器人，它不从事生产的相关工作，只完成服务大众的相关工作。服务机器人的应用范围很广，主要从事维护保养、修理、运输、清洗、保安、救援、监护等工作。本章首先从个人服务机器人和专用服务机器人两个方面详细介绍服务机器人的典型应用，然后从机械结构、硬件电路和控制算法三个方面介绍服务机器人的典型系统组成，最后系统地介绍服务机器人的设计开发特点和开发流程，为服务机器人的开发和应用提供借鉴。

知识目标

1. 掌握服务机器人的典型系统组成：机械结构、硬件电路和控制算法。
2. 熟悉服务机器人设计开发的特点和流程。
3. 了解服务机器人的典型应用。

能力与素质目标

1. 具备设计开发服务机器人初步方案的能力。
2. 学会服务机器人的系统组成和设计开发流程。
3. 具备团队合作，积极分享的合作共赢思想。

4.1　服务机器人的典型应用

4.1.1　个人服务机器人

　　个人服务机器人也称为个人/家庭服务机器人（Personal/Domestic Robots），是为人们日常工作、生活及学习服务的机器人，也是特种机器人的一种。它不但能够代替人们完成家庭日常的事务，还能协助人们正常地工作、学习。个人服务机器人包括行进装置、感知装置、接收装置、发送装置、控制装置、执行装置、存储装置和交互装置等，其中感知装置是用来在工作或生活居住环境内，感知机器人所处的周围环境信息的，它将感知

微视频4-1
个人服务
机器人

到的环境信息传送给控制装置，控制装置将接收到的信息进行分析并发出相应的指令，再将指令传送给执行装置，执行装置做出响应。个人服务机器人在工作、生活及学习中，可以完成防盗监测、安全检查、清洁卫生、物品搬运、家电控制、家庭娱乐、病况监视、儿童教

育、报时催醒、家用统计等工作。目前，在家电控制的应用上，已有很多初级小家电类机器人大量出现，幼儿早教类机器人也逐渐成为热点。

1. 个人服务机器人的应用现状及趋势

目前，个人服务机器人的应用范围相当广泛，尤其是在智能家居中的应用。个人服务机器人作为一种重要的智能硬件，在智能家居系统中发挥着日益核心的作用。智能家居的应用宗旨在于让人们的生活更加便捷、安全、舒适，可为人们提供一个集服务、管理于一体的居住环境。这与用户对于个人服务机器人产品的基本诉求是一致的。在人工智能和物联网技术的推进下，包括个人服务机器人在内的硬件的智能化和联网化是智能家居系统发展的方向。智能化就是用户端的输入越来越少，产品可以自发地感知和满足用户越来越多的需求，而全面智能化则以联网化为前提。

从目前的发展情况来看，智能家居系统的技术突破大致遵循的路径为：在现阶段主要是实现特定功能的单品智能化升级，操作不断简单化，不断提升用户体验，并实现单品系统的智能联网和远程控制；从长远来看，智能家居最终会走向集中控制，形成完整、统一的生态运行系统，其标志是硬件的高度智能化以及统一运行平台的形成。作为当前智能化程度较高的智能家居硬件产品，个人服务机器人将能够更准确地理解用户的需求和意图，并自主性地满足人类需求的反馈，显著提升用户的操控体验，是十分理想的智能家居应用控制平台。

目前市场上的个人服务机器人产品还更多地表现出"工具型"的特点。长期来看，随着个人服务机器人在相关技术方向上取得突破，物联网和云计算等技术的日益成熟，用户行为大数据的不断积累以及环境识别、智能语音、人脸识别等人机交互技术的不断进步，在人机交互、万物互联等方面的智能化程度将出现质的提升，个人服务机器人的"个人服务能力"也将在现有基础上得到不断的改进与强化。特别是在智能家居方面，个人服务机器人未来有望成为继计算机、手机之后的新一代智能终端，即家庭智能终端的入口，通过家电互联、远程控制等技术实现家庭物联网，形成"智能家居-个人服务机器人-住户"的生态圈。在这一过程中，个人服务机器人作为连接住户与各类家电的智能家居控制平台，将彻底实现由"工具型"向"管家型"的转变。

2. 个人服务机器人的分类

个人服务机器人主要包括智能家居、信息服务、安全健康和娱乐教育这四大类。

（1）智能家居型服务机器人

1）扫地机器人。扫地机器人，又称自动打扫机、智能吸尘器、机器人吸尘器等，是智能家用电器的一种，能凭借一定的人工智能，自动在房间内完成地板清理工作，如图 4-1 所示。扫地机器人一般采用刷扫和真空方式，将地面杂物先吸纳进入自身的垃圾收纳盒，从而完成地面清理的功能。一般来说，将完成清扫、吸尘、擦地工作的机器人，也统一归为扫地机器人。

图 4-1 扫地机器人

扫地机器人最早在欧美市场进行销售，随着国内生活水平的提高，逐步进入中国市场。扫地机器的机身为无线机器，以圆盘型为主。使用充电电池运作，操作方式以遥控器或是机器上的操作面板为主。一般能设定时间预约打扫，并自行充电。扫地机器人的前部设置有感应器，可侦测障碍物，如碰到墙壁或其他障碍物，会自行转弯。依据不同厂商的设定，扫地机器人的行走路线不同，有规划清扫的地区。扫地机器人因为其功能操作简单及便利性，现今已慢慢普及，成为上班族或是现代家庭的常用家电用品。机器人科技现今日趋成熟，每种品牌都有不同的研发方向，每个型号的扫地机器人都拥有特殊的设计，如双吸尘盖、附手持吸尘器、集尘盒可水洗及拖地功能、可放芳香剂，或是光触媒杀菌等功能。

扫地机器人的机身为自动化技术的可移动装置，与有集尘盒的真空吸尘装置，配合机身设定控制路径，在室内反复行走，按照如沿边清扫、集中清扫、随机清扫、直线清扫等路径打扫，并辅以边刷、中央主刷旋转、抹布等方式，加强打扫效果，以完成拟人化居家清洁效果。

扫地机器人一般构造如下：

① 本体：不同的厂商品牌设计，扫地机器人的外形会有所不同。

② 充电电池：扫地机器人一般以镍氢电池为主，部分用锂电池，但使用锂电池的产品单价较高。且每家厂商的电池充电时间与使用时间也有所差别。

③ 充电座：能提供机器人吸尘器自行充电的地方。

④ 集尘盒：与一般吸尘器装有的纸袋不同，每台扫地机器人几乎都备有集尘盒收集灰尘。大致分为两种：中央集尘盒；置于后端集尘盒。

⑤ 遥控器：控制扫地机器人。也可通过机身上的按钮控制。

扫地机器人可按以下清洁系统分类：

① 单吸入式。单吸入式的设计相对简单，只有一个吸入口。这类清洁方式对地面的浮灰有用，但对桌子下面久积的灰尘及静电吸附的灰尘清洁效果不理想。

② 中刷对夹式。中刷对夹式对大的颗粒物及地毯清洁效果较好，但对地面微尘的处理效果稍差，较适用于欧洲全地毯的家居环境，对亚洲市场中常用的大理石地板及木地板微尘清理效果较差。因为这类清洁方式通过一个胶刷、一个毛刷的相对旋转夹起垃圾。

③ 升降 V 刷清扫系统。升降 V 刷清扫系统采用升降 V 刷浮动清洁，可以更好地将扫刷系统贴合地面环境，相对来说对面静电吸附灰尘的清洁更加到位。整个的 V 刷系统可以自动升降，并在三角区域形成真空负压。

扫地机器人可按以下侦测系统分类：

① 红外线传感。红外线传输距离远，但对使用环境有相当高的要求，当遇上浅色或是深色的家居物品时，红外线无法反射回来，会造成机器人与家居物品发生碰撞，这会造成底部的家居物品及扫地机器人自身出现损坏。

② 超声波仿生技术。采用超声波仿生技术侦测判断家居物品及其空间方位，这类技术灵敏度高，但技术成本高。

随着人们生活水平的提高，扫地机器人因为操作简单、使用方便，越来越多地走入了人们家庭生活和办公场所中，成为小家电中重要的一员。但是扫地机器人在使用过程中如果操作不慎，也会引发火灾。在此，提醒大家在使用过程中要注意防火。

2）擦窗机器人。擦窗机器人又称自动擦窗机、擦玻璃机器人、智能擦窗器、智能窗户清洁器等，是智能家用电器的一种。如图 4-2 所示，擦窗机器人一般会利用自身吸附在玻璃上的力度来带动机身底部的抹布擦掉玻璃上的脏污。擦窗机器人的出现，主要是为了帮助人们解决高层擦窗、室外擦窗难的问题。

擦窗机器人主要是凭借自身底部的真空泵或者风机装置，牢牢地吸附在玻璃上的，然后借助一定的人工智能系统，自动探测窗户的边角距离，规划擦窗路径（从左至右，或从下至上的擦拭顺序），并在清洁完毕之后回到其初始的放置位置，方便人们将其取下。擦窗机器人目前市场种类

图 4-2 擦窗机器人

并不多，原理大致相同。最先研发出擦窗机器人的是科沃斯机器人，时间约在 2011 年。早期的擦窗机器人是只可以吸附在平整、光滑的玻璃表面，也就是说，早期的设计者为了保证擦窗机器人吸附的牢固度，对吸附介质会有比较多的要求。等到擦窗机器人技术发展得比较成熟之后，设计者对于擦窗机器人吸附介质的要求就变得宽松多了。

擦窗机器人其实是需带电工作的一种电器，以方形构造为主，目的是方便清理玻璃的边角的区域。其在工作的时候需要连接电源线工作，虽然内部有电池，但电池电量仅在突发情况下做备用。擦窗机器人界面设计得比较简单，多为一键式控制面板外加单手操作设计，另配有遥控，其遥控信号可以穿透玻璃不受阻碍。擦窗机器人的底部配有清洁布，当它吸附在玻璃上"行走"时，可带动清洁布擦过玻璃，从而达到清洁窗户的目的。

擦窗机器人一般构造如下：

① 电源适配器：擦窗机器人需要在连接电源线的情况下工作，虽然其内部有充电电池，但仅作为突发状况（比如停电等）下的备用电源使用。

② 安全组件：虽然擦窗机器人跌落的概率很低，但是从用户心理的角度出发，一般厂商都会配备安全组件（安全扣和安全绳），方便用户在户外（尤其是高层的窗户外侧）使用。

③ 清洁抹布：一般都是可拆装、反复使用的水洗抹布。清洁抹布并非越大越好，关键要看抹布和窗户的有效贴合面积有多大，有效贴合面积越大，清洁效率越高。

擦窗机器人一般分为以下两类：

① 双层真空吸盘。双层真空吸盘可通过内部的真空泵抽掉底部空气，形成一定的真空环境，从而使擦窗机器人能够吸附在玻璃上。此种吸附原理对介质的要求比较高，需要玻璃表面平整、无明显的凸起障碍物，且只限于在玻璃表面使用。

② 风机吸附。风机吸附的擦窗机器人通过内部的风机，形成内外的气压差，从而吸附在玻璃上。此种吸附原理对介质的要求稍微宽一些，只要介质表面平整就可以。除了玻璃表面，像带有贴纸的玻璃、磨砂玻璃、大理石介质的墙面、瓷砖等都符合此吸附原理。

3）空气净化机器人。空气净化机器人是智能家庭服务机器人的一种，其结合了传统空气净化器和机器人的特点，突破了传统空气净化器只能定点净化的局限性，能凭借一定的智

能性，自主移动，寻找空气污染源，净化空气，实现全屋无梯度净化，如图 4-3 所示。空气净化机器人搭载智能巡航净化系统，能够自主移动，完成对室内空气的净化工作。其滤芯能够吸附、过滤各种空气污染物（一般包括 PM2.5（可入肺颗粒物）、粉尘、花粉、异味、甲醛之类的装修污染以及细菌、过敏源等），有效提高空气清洁度，主要净化室内空气，提升室内空气质量，给每个房间都带来洁净空气。

图 4-3　空气净化机器人

空气净化机器人有移动巡航净化、App 实时互联以及高效净化等功能，其将传统的空气净化器与智慧的机器人相结合，自动巡航，净化全屋。用户只要在每个房间设定净化点，空气净化机器人会自主移动到不同的净化点，自动感应周围环境的空气质量情况，并进行净化工作。在一个净化点的空气质量达到优质的时候，会依据设定的顺序进入另一个净化点进行优化，为每一个空间都带来洁净空气，快速实现全屋无梯度净化。用户通过手机 App 可随时查看室内空气质量及净化效果，同步记录数据，实现远程掌控。同时用户可以对空气净化机器人进行七天定时预约，选择净化模式，并查看历史记录等。空气净化机器人针对甲醛、PM2.5 等空气污染物还有着优质的净化性能。

空气净化机器人一般构造如下：

① LDS 激光扫描系统。LDS 激光扫描系统可以 360°平行扫描家居环境，实时更新电子地图，指挥空气净化机器人行进，快速实现全屋无梯度净化。

② 环境识别系统，实时监测空气变化。亮度感应：根据当前环境调节亮度，白天自动高亮显示、夜晚自动低亮显示，避免影响家庭成员休息。异味感应：智能嗅觉识别，根据异味传感检测空气中污染物，并进行大风量快速全屋除味。微尘感应：根据 PM2.5、花粉等颗粒物传感检测，进行大风量快速净化。温湿度感应：实时检测室内温/湿度，用户可以根据检测数据控制加湿，保持最舒适的湿度。

③ 行走识别系统，灵敏避障。防撞板功能：行走过程中，防撞板能够灵敏感知障碍物，碰到家具或者桌椅等障碍，MCU 系统控制机器迅速反应，灵活转向离开，进行避障。万向轮传感器：空气净化机器人底部 4 个万向轮被卡住时，会及时反馈，自动后退并向多个方向灵活行走，转向离开。驱动轮 9cm 超大直径，轻松越障。包胶滚轮高弹耐磨，减振避免刮花地板。下视传感器能感知 8cm 以上地面落差高度，防止主机跌落。

④ 过滤系统。初效滤层：初级过滤，可拦截飘絮、毛发等大颗粒污染物。抗菌过滤层：防菌防过敏。HEPA 集尘过滤层（3M）H13 级可高效去除超微颗粒物，包括 PM2.5、尘螨、花粉、过敏物等细微颗粒物。双效除味层：有效去除甲醛、生活异味和化学污染物。

（2）信息服务型服务机器人

1）语音客服机器人。语音客服机器人就是用计算机代替人工执行客服的任务。其应用有效解决企业与客户之间的即时交流以及合作关系的社交维护，能让企业与客户之间的沟通更便捷，可快速解决客户问题，具有沟通桥梁多样化等特色功能。语音客服机器人还让企业和客户可以随时随地进行互动，快速有效地获取客户的信任以及满意度，如图 4-4 所示。

语音客服机器人有以下特点：

图 4-4　语音客服机器人

① 智能应答，有效降低人工压力。可提供无人值守的 24h 客服咨询服务，有效解答 85% 以上的重复性客户咨询，将有价值的客户咨询转接给人工客服接待。有效降低人工客服压力，降低人力成本 30% 以上。

② 多技能，咨询、接待全过程。把控接待的各重点环节，实现智能学习、添加线索、智能转接待组、自动生成工单、自动咨询总结等。

③ 多角色机器人分配。可提供 SKU（Stock Keeping Unit，最小存货单位。SKU 已被引申为产品统一编号的简称，每种产品都有唯一的 SKU 号）问答、导购流程问答、物流问答、支付问答等多角色机器人客服，可提供输入引导、反向引导、流程引导等多样化的专业服务。

④ 专人专岗。可根据地域不同、专业领域不同设置相应的专属机器人，专人专岗，做到同样的问题在不同的语境下回复不同的答案。

⑤ 会话式表单引导。机器人将某个复杂的问题分解为若干个连续的反问句式，通过用户的回复一步步地确定用户的身份与意图，给出方案，进而解决问题。可应用于订单查询、场所预订等场景。

一般语音客服机器人有以下功能：

① 自助答疑，分担客服工作量。根据访客的问题，自动、实时回复答案，提高了沟通服务的效率和准确度，降低人工成本。

② 积累客服经验，不断完善问题库。将客服经验不断积累到知识库，对于常见问题机器人能不厌其烦地进行回复，避免重复人工回复，提升服务效率。

③ 自定义机器人样式，模拟人工聊天。机器人客服的命名、欢迎语等皆可由用户自行设置；同时，它能够完全按照用户的意思回话，实现人性化沟通。

④ 流程引导。根据用户的问题，将某个复杂的知识或者操作分解为若干项选择，机器人引导用户在一步步地做出选择的过程中，得到答案。

2）数据分析机器人。随着科技的进步，信息化覆盖范围越来越广，特别是云时代的来临，大数据（Big Data）技术也吸引了越来越多的关注。大数据是指无法在一定时间范围内用常规软件工具进行捕捉、管理和处理的数据集合，是需要新处理模式才能具有更强的决策力、洞察发现力和流程优化能力的海量、高增长率和多样化的信息资产。大数据通常用来形容一个公司创造的大量非结构化数据和半结构化数据，这些数据在下载到关系型数据库中用于分析时会花费过多时间和成本，因此，需要数据分析机器人协助。数据分析机器人用于智能分析数据，同时大数据算法也赋予机器人灵魂。

数据分析机器人功能非常强大，比如：

① 用户画像。利用海量的互联网大数据，深度洞察用户的兴趣爱好、性别、地域分布、消费习惯等数据。用于精准把握用户运营，为个性化营销提供依据。

② 导流分配。基于机器人的大数据算法，针对渠道来源、用户等级、来源关键词、来源页、地域等进行用户优先级计算评定，并结合用户业务类型定义优质分配方案，把优质的用户分配给专属客服。

③ 排队。利用机器人算法进行实时安排分配，让 VIP 用户直接进入接待，其他用户按重要程度进行排队分配，提高企业收益。如电商行业优先接待正在支付购买的用户，餐饮行业优先接待消费额度高的用户。

3）图像识别机器人。随着计算机科学和自动控制技术的发展，越来越多的、不同种类的智能机器人出现在生产生活中，视觉系统作为智能机器人系统中一个重要的子系统，也越来越受到人们的重视。视觉系统是一个非常复杂的系统，它既要做到图像的准确采集，还要做到对外界变化反应的实时性，同时还需要对外界运动的目标进行实时跟踪。因此，视觉系统对硬件和软件系统都提出了较高的要求。

人类视觉系统的感受部分是视网膜，它是一个三维采样系统。三维物体的可见部分投影到视网膜上，人们按照投影到视网膜上的二维的图像来对该物体进行三维理解（对被观察对象的形状、尺寸、离开观察点的距离、质地和运动特征等的理解）。

机器视觉系统的输入装置可以是摄像机、转鼓等，它们把三维的影像作为输入源，即输入计算机的就是三维世界的二维投影。如果把三维客观世界到二维投影图像看作是一种正变换的话，则机器视觉系统所要做的是从这种二维投影图像到三维客观世界的逆变换，也就是根据这种二维投影图像去重建三维的客观世界。

机器视觉系统主要由三部分组成：图像的获取、图像的处理和分析、输出或显示。图像的获取实际上是将被测物体的可视化图像和内在特征转换成能被计算机处理的一系列数据，它主要由三部分组成：照明，图像聚焦形成，图像确定和形成摄像机输出信号。视觉信息的处理技术主要依赖于图像处理方法，它包括图像增强、数据编码和传输、平滑、边缘锐化、分割、特征抽取、图像识别与理解等内容。经过这些处理后，输出图像的质量得到相当程度的改善，既改善了图像的视觉效果，又便于计算机对图像进行分析、处理和识别。如图 4-5 所示，图像识别机器人可轻松识别各类图像信息，比如：

① 证件识别。银行卡、身份证、名片、驾驶证、车牌等各类证件类信息的识别，识别精度高、使用场景丰富、服务稳定。

② 票据识别。针对增值税发票、银行票据等票据的条形码、二维码进行识别，并转化为文字信息，可大幅度降低工作量，提

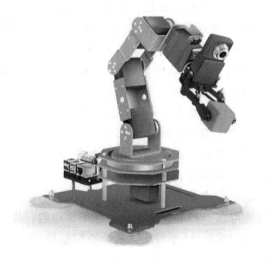

图 4-5　图像识别机器人

高工作效率，快捷、准确地完成信息查询和票据审核工作。

③ 图片识别。将图片中的信息转化为文本信息，支持多种语言及图片格式，支持中、英文字单排或混排，支持表格，具有多种输出格式，具有识别正确率高、识别速度快的特点。

④ 人脸识别（AFR）。可用于人脸检测、人脸特征提取、人脸关键点定位、年龄性别识别等。用于监控、娱乐等场景，如会场、大厦、家庭的人脸门禁，或人脸美颜等。

⑤ 指纹识别（FPR）。通过指纹识别用户资料信息，进行身份识别，支持一对一确定，多选一辨识等多种方式，识别速度快、识别率高，应用于考勤、门禁、金融支付等场景。

（3）安全健康型服务机器人

1）监控机器人。监控机器人能够移动，且集成更多功能，如图 4-6 所示。监控机器人进入普通家庭，提供更加全面的安全监控服务；对企业而言，监控机器人是现代化的时尚标志，在节省人力的同时，能发挥更好的娱乐、宣传功效，必将在监控市场中占有广阔天地。

监控机器人正不断地从试验中走进社会与家庭中，在美国已经有越来越多的监控机器人投入到日常工作中和理疗中来，为人类带来了各种各样的方便。监控机器人运用的

图 4-6 监控机器人

范围也非常得广，不仅是家庭好帮手，同时监控机器人在工业、企业、网吧、超市巡逻，看顾死角，动力、通信、电力环境监控，化工远程操控等场所都有广泛的应用。

2）安防机器人。安防机器人又称安保机器人，是半自主、自主或者在人类完全控制下协助人类完成安全防护工作的机器人，如图 4-7 所示。安防机器人作为机器人行业的一个细分领域，立足于实际生产生活需要，用来解决安全隐患、巡逻监控及灾情预警等，从而减少安全事故的发生，减少生命财产损失。按照服务场所划分，安防机器人可分为安保服务机器人和安保巡逻机器人。

① 安保服务机器人。指用于非工业生产，具备半自主或全自主工作模式，可在非结构化环境中为人类提供安全防护服务的设备。安保服务机器

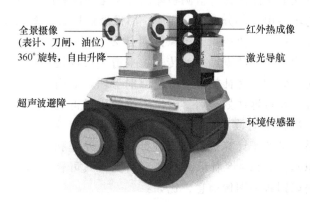

全景摄像（表计、刀闸、油位）
360°旋转，自由升降
超声波避障
红外热成像
激光导航
环境传感器

图 4-7 安防机器人

有迎宾导购、产品宣传、自动打印等功能，夜间也可以完成自动巡逻、环境检测、异常报警等工作，实现 24 小时全天候全方位监控。广泛应用于银行、商业中心、社区、政务中心等场所。

② 安保巡逻机器人。安保巡逻机器人携带红外热像仪和可见光摄像机等检测装置，将

画面和数据传输至远端监控系统。安保巡逻机器人主要用于执行各种智能保安服务任务，包括自主巡逻、音视频监控、环境感知、监控报警等功能。

安保巡逻机器人按照服务对象可分为：家用安保巡逻机器人、专业安保巡逻机器人、特种安保巡逻机器人。

安保巡逻机器人广泛应用在电力巡逻、工厂巡逻等领域，适用于机场、仓库、园区、危化企业等场所。传统的安防体系是依靠"人防+物防"来实现。可随着人口老龄化加重、劳动力成本飙升、安保人员流失率高等问题，已经难以适应现代安防需求，安防巡逻机器人产业迎来新的发展契机。尤其这几年在政府的大力支持下，更是受到强烈关注。目前安防巡逻机器人还处于起步阶段，但在巨大的安防市场需求下，其发展潜力和未来前景广阔。

3）健康服务机器人。如图4-8所示，健康服务机器人是一种地面移动型或桌面型的服务机器人，带有摄像头、触摸屏和麦克风，本体安装有多种环境传感器，并且可以连接第三方的健康监测设备，适合家庭等室内环境使用，能够语音识别和语义理解，可以陪伴家庭成员，并进行健康监测及医疗平台连接，具备智能家居控制、家庭日程事务管理、与家庭成员娱乐互动、医疗护理、养老助老等功能。将健康服务机器人定性为可移动、能交互的健康管理平台比较准确。

图 4-8　健康服务机器人

健康服务机器人的价值在于可以帮助家庭成员进行健康管理。随着移动互联网、物联网技术的快速发展，已经有许多医疗健康类的智能硬件设备加入家庭健康管理的行列，包括智能血压计、智能血糖仪、智能体重计、可穿戴设备和各种健康管理的App，以及医疗健康机构推出的针对家庭提供服务的健康医疗终端和软件，家庭健康管理正朝着方案越来越丰富、产品越来越多样化、服务越来越差异化的方向发展，但也暴露出一些明显的弊端，其中最主要的问题就是这些健康管理方案普遍存在交互性差（功能及操作过于复杂）、可靠性差的问题。

交互性差（功能及操作过于复杂）是指为了采集到家庭成员的健康数据，使用了过多的健康检测产品，采用了较为繁杂的采集过程，如需要用户打开手机进入App进行操作，或者需要用户自己反复琢磨操作流程（通常只在第一次进行使用引导，后面都认为用户已经非常熟悉操作流程而不进行引导），所以用户的体验并不好，而且如果用户同时使用了多个健康检测设备，而这些设备又没有统一的连接管理后台，用户便需要在多个App界面中进行切换管理。人机交互是重点，但人机交互不能简单表述成语音交互、语义理解，应该是综合运用了语音、动作神态、触屏、遥控器、环境感知与控制在内的多种交互形式，而对语音来说，又包括语言内容、语速、语调等。

可靠性差表现在两点：第一点是智能健康检测设备本身的可靠性差，可以通过选用知名的健康检测设备来解决，如欧姆龙、康康血压、糖护士、乐心等；第二点是只提供数据不提供后续解决方案，这种健康管理项目典型的解决问题方法是，将健康数据甚至紧急报警信息推送给物业、保安和家人就自动结束工作了，但是并没有最终解决问题，只是传播或者发送了发生问题的信息，用户购买健康管理产品最终目的还是希望帮助其改善和解决健康问题。在上面的问题中，解决方案是将健康管理推送给家庭医生，由家庭医生按照专业的医疗处理流程进行处理，如常规的数据分析，给出分析评语及用药指导，而如果出现紧急报警，则根据情况安排患者走绿色通道入院就诊。

使用健康服务机器人的目的在于向健康养老地产、养老院、健康家庭提供可交互的健康服务机器人解决方案。

（4）娱乐教育型服务机器人

1）足球机器人。如图4-9所示，足球机器人的研究涉及非常广泛的领域，包括机械电子学、机器人学、传感器信息融合、智能控制、通信、计算机视觉、计算机图形学、人工智能等，吸引了世界各国的广大科学研究人员和工程技术人员的积极参与。更有意义的是，机器人足球比赛的组织者始终奉行研究与教育相结合的根本宗旨，比赛与学术研究的巧妙结合更激发了青年学生的强烈兴趣，通过比赛培养了青年学生严谨的科学研究态度和良好的技能。

图4-9　足球机器人

足球运动是一种大家非常喜爱的运动。让机器人去踢足球，听起来像天方夜谭。机器人也能踢足球？要组成一支队伍，不同的机器人要如何互相配合？参加比赛必须要有自己的眼睛、自己的双腿、自己的大脑，还得有自己的嘴——把自己的想法告诉别人，协同进行比赛，现在的足球机器人还没有做到像人类一样。

目前，在国际上最具影响力的机器人足球赛事组织是国际机器足球联合会（FIRA）和机器人世界杯（RoboCup）赛。中国最早参加了FIRA比赛，东北大学代表队和哈尔滨工业大学代表队都取得了好成绩。另外，中国人工智能学会（CAAI）在2001年成立了机器人足球专业委员会。机器人足球参加了科技申奥主题活动，还参加了2002年的世界杯足球赛。中国还参加了RoboCup系列的比赛，在2001年的RoboCup比赛中，清华大学代表队获得了世界冠军；2018年，第22届RoboCup中，浙江大学ZJUNlict队获得机器人足球赛小型组冠军；2019年第23届RoboCup中，浙江大学ZJUNlict队和北京信息科技大学Water队获得机器人足球赛冠军。以上活动说明机器人足球在中国获得了良好的发展。

2）舞蹈机器人。如图4-10所示，舞蹈机器人具有人类外观特征，可爱的外貌又兼有技术含量，极受青少年的喜爱。舞蹈机器人是具有简单人体功能、可模拟舞蹈动作的类人型机器人，可以完成简单人体舞蹈的基本动作：可以前进后退，左右侧行，左右转弯和前后摆动手臂，行走频率为每秒两步，转圈、头部动作灵活，并具备语音功能。通过语音识别技术，可以对舞蹈机器人进行语音控制，通过发出语音命令，控制机器人。

机器人包括底座、头部、上身、下肢以及电路控制板，分别控制手臂、头部和底盘运动的电动机及传动机构等。通过电路控制和机械传动，可使机器人动作灵活。舞蹈机器人的知识范围涉及机构学、力学、电子学、自动控制、计算机、人工智能等。舞蹈机器人的特点包括：表演时机器人随音乐翩翩起舞，动作协调、灵活；表演各种舞蹈的基本动作，具体动作可自行设计（如行进、转圈、举手投足、头部等动作）；整套动作持续时间较长；机器人结构紧凑、体积小，重量轻；活动空间大，可 360°旋转；采用电动机驱动，运动准确可靠。

3）教育机器人。如图 4-11 所示，教育机器人是由生产厂商专门开发的以激发学生学习兴趣、培养学生综合能力为目标的机器人成品、套装或散件。它除了机器人机体本身之外，还有相应的控制软件和教学课本等。教育机器人因为适应新课程，对学生科学素养的培养和提高起到了积极的作用，在众多中小学学校得以推广，并以其"玩中学"的特点深受青少年的喜爱。机器人走入学校和计算机普及校园一样，已经成为必定的趋势，机器人教育已经成为中小学教育领域的新课程。教育机器人未来将成为趋势，当今社会需要具有创新意识、有创造性思维的人才，未来的社会更是如此。

图 4-10　舞蹈机器人

图 4-11　教育机器人

教育机器人分为面向大学和面向中小学的机器人。大学机器人又分为教育型机器人与比赛型机器人，例如在亚太机器人大赛、FIRA 等使用的机器人。同样小学机器人也分为教育型机器人与比赛型机器人，例如在青少年机器人大赛、世界教育机器人大赛（WER）使用的机器人。学习型机器人提供多种编程平台，并能够允许用户自由拆卸和组合，允许用户自行设计某些部件；比赛型机器人一般提供一些标准的器件和程序，只能够进行少量的改动，参加各种竞赛使用。

由于知识层面的不同，大学、小学教育型机器人有很大的差别。大学生可以根据所学的编程知识去编译自己想要实现的任何代码或者指令；小学生由于受到编译能力的限制，使用已编译好的命令来进行指令模拟。因此，加强小学生编译知识的学习将会显得越来越重要。

以机器人为基础提供的教育（Robot-Based Education）应该包括以下三方面内容：

① 机器人学科教学（Robot Subject Instruction，RSI）。

② 机器人辅助教育（Robot-Assisted Education，RAE）。可细分为机器人辅助教学（Robot-Assisted Instruction，RAI）；机器人管理教学（Robot-Managed Instruction，RMI）；机器人

辅助测试（Robot-Assisted Test，RAT）；机器人辅助学习（Robot-Assisted Learn，RAL）；机器人代理（师生）事务（Robot-Represented Routine，RRR）等。

③ 机器人与传统学科相互渗透。

4.1.2　专用服务机器人

微视频4-2
专用服务
机器人

专用服务机器人是指专门生产出来用于某项特殊工作或任务的机器人，它与家庭个人服务机器人相比，也具有某些方面的技能或功能。近年来，世界各国主要研发的专业服务机器人重点在医疗、物流、军事、极限环境等特殊领域。考虑到特殊领域的工作环境条件往往比较恶劣或者具有危险性，对专业服务机器人具有需求刚性。因此，未来特殊工作环境的应用场景将会不断催生出专业服务机器人新品种。比如常见的专业服务机器人包括国防机器人、农场机器人、医疗机器人、电力机器人等。专业服务机器人由于其应用领域特殊性，并不是人人都需要使用，因此虽然在销量方面不如个人/家庭服务型机器人，但是现阶段专业服务机器人的销售贡献率高于个人/家用服务型机器人。

1. 专用服务机器人的应用现状及趋势

专用服务机器人近年来在医疗、场地、物理/地理系统、国防等领域应用越来越广泛。医疗服务机器人是指用于医院、诊所的医疗或辅助医疗以及健康服务等方面的机器人，主要用于患者的救援、医疗、康复或健康信息服务，是一种智能型服务机器人。总的来说，目前的专用服务机器人的发展越来越细化，各发展分支方向的发展程度各有不同。

2. 专用服务机器人的分类

专业服务机器人领域主要涵盖了医疗、场地、物理地理系统、国防四大类。

（1）医疗服务机器人　医疗服务机器人是指用于医院、诊所的医疗或辅助医疗以及健康服务等方面的机器人，主要用于患者的救援、医疗、康复或健康信息服务，是一种智能型服务机器人。随着我国进入老龄化社会，对医疗、护理和康复的需求不断增加，同时由于人们对生活品质追求的提高，使得医疗不管在品质上还是数量上都要满足更高水准的要求。另一方面，因为医护人力相对缺乏，医疗及健康服务机器人具有巨大的发展潜力。医疗服务机器人也可以再细分，比如康复机器人、手术机器人和中医诊断机器人等。

1）康复机器人。康复机器人是近年来兴起的一种运动神经康复治疗技术，属于医疗机器人的一个重要分支。康复机器人不仅提供了有效的治疗手段和完善的评估方案，而且为深入研究人体运动康复规律，以及大脑与肢体的控制、影响关系提供了另一种有效途径。使用机器人辅助治疗可以提高效率和训练强度，比常规的治疗手段更有潜力，康复机器人如图4-12所示。目前，国际上众多的研究机构和康复机构都在神经康复机器人方面进行开发和产品化研究。机器人辅助神经康复和运动训练已经成为康复技术最主要的发展趋势。

虚拟现实是康复机器人应用中的一项重要技术，利用物联网搭建的虚拟环境，部分或全部去掉现实中的真实环境，利用传感即运动跟踪技术实现用户与虚拟世界的交互。虚拟现实技术为康复治疗提供了重复练习、成绩反馈和维持动机三个关键环节的技术手段，设置合理的虚拟环境及有效的信息反馈，患者可以对自身状况进行客观评估，从而大大提高了康复训练的效果。

为了实现感觉信息的神经反馈，康复机器人需要实时获取接触、握力、温度等感觉信息，然后把这些信息通过适当的方式反馈给患者大脑，将患者的主观运动意识与客观获取的感觉信息融合。如何实现感觉信息的精确神经反馈是康复机器人进一步研究亟须解决的问题。肢体运动神经分布重建是康复机器人的核心技术之一，将残留的臂丛神经移植到人体肌肉（靶点肌肉）或者吻合到替代神经，从而实现对缺失运动功能信号源的重建。

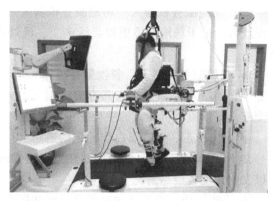

图 4-12　康复机器人

2）手术机器人。手术机器人是一种智能化的手术平台，已广泛应用于临床多个学科，典型的有泌尿外科，比如前列腺切除术、肾移植、输尿管成形术等；妇产科，比如子宫切除术、输卵管结扎术等；普通外科，比如胆囊切除术等。最具影响力的是达芬奇机器人，其具有三维成像、触觉反馈和宽带远距离控制等功能，被认为是手术机器人的成功典范。未来的手术机器人可以从个性化功能需求出发，突出细分化领域应用，手术机器人如图 4-13 所示。

3）中医诊断机器人。受益于人工智能在医疗行业的应用发展，医疗类机器人产品迎来了一个重大契机，如中医诊断、红外诊断等。基于中西医理论的人工智能机器人受到了格外重视，以中医为例，上海中医药大学和复旦大学联合开发了中医人工智能机器人，不仅将原本依赖于医生主观判断的中医面诊、舌诊和脉诊技术精准化，还利用深度学习技术来分析名中医积累的经验信息，使中医宝库在高科技时代更好地传承，中医诊断机器人如图 4-14 所示。

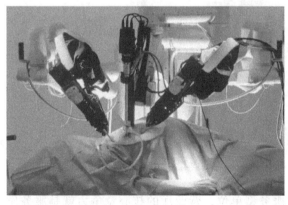

图 4-13　手术机器人

图 4-14　中医诊断机器人

中医诊断机器人专注于中医的"望、闻、问、切"，具有鲜明的中国特色，其主要功能为面诊、舌诊、问诊及脉诊。首先通过机器人的视觉系统采集人体的面像和舌像，通过机械手或手环采集人体的脉搏，利用先进的计算机视觉、机器学习、人工智能和深度学习算法，智能判读人体的面像、舌像和脉搏数据，再结合问诊信息，最后通过中医医理模型推断人体的整体健康体质类型，并根据具体情况提供个性化的康复建议，包括保健原则、饮食药膳、起居养生、穴位按压、中医功法和音乐疗法等。

（2）场地服务机器人　场地服务机器人是指服务于特殊公共场合的机器人，如在餐厅、营业厅等。由于场地环境更加灵活多变、场景更加复杂，所以对机器智能方面的要求就更加苛刻。

1）餐饮服务机器人。餐饮服务机器人是一种定位于酒店餐饮服务和展馆迎宾服务用的机器人，如图 4-15 所示。它具有类人形状的外形，可以在餐馆进行迎宾送菜，也可以与客人交互。餐饮服务机器人的主要功能有：

① 巡线行走。在有黑白线标记的道路上行走。

② RFID 标签识别。能识别贴在指定位置或指定物品上的标签，并相应介绍该物品的情况以及指定位置展品情况等。

③ 手臂挥动。能单臂做出迎宾姿势和挥手动作。

④ 红外遥控。能通过遥控器来遥控机器人的前进、后退、停止、左转、右转、音乐播放、音乐停止等功能。

⑤ 平板遥控。掌上平板计算机除了完成红外遥控功能外，还具备点菜系统功能，通过平板计算机点菜，然后传到厨房和前台。

⑥ 紧急避障。在机器人前进路线上出现人和物体后，机器人会紧急停止，并等障碍物消失后恢复继续行走，防止触碰到人和物体，机器人能感应到半米高度的物体，这样可以防止碰到玩耍的孩子。

⑦ 语音对话。能在安静的房间中与客人进行固定词条的语音交互。

图 4-15　餐饮服务机器人

2）营业厅服务机器人。作为通信行业的服务型单位，营业厅的核心竞争力就是服务质量。随着行业的不断发展，无论是技术、管理，还是企业文化都越来越完善，优质服务也成为关键因素。

目前，多家通信行业的服务单位推进智能机器人在移动通信领域的应用。如图 4-16 所示，营业厅服务机器人的"上岗"，有利于推动中国通信事业向智能化、信息化的方向发展，营造智慧运营的氛围。

除此之外，营业厅服务机器人还可以做到：

① 智能大堂管家。众所周知，大堂经理作为营业厅里的"总管"，工作任务繁重、压力

大。但是，机器人上岗工作后，就可承担许多简单重复的基础业务，如业务查询（话费查询、积分查询、政策查询）、充值缴费等，不仅增强了用户体验，也大大降低大堂经理的工作任务和压力，有效提高服务效率，进一步提升用户的智能化体验。

②主动营销推广。当前，客户往往排斥直接的广告推广。但是，如果是一台机器人从事这项工作，客户会感到新奇、有趣。这样的人机互动体验，不但能够吸引用户停留，还能减轻他们对营销推广的排斥度。同时，对营业厅来说，

图4-16 营业厅服务机器人

客户与机器人的一次互动交流过程，其实就是机器人了解客户需求与兴趣的过程，据此再向客户推荐产品，可提高营销的转化率。

③客户信息搜集与分析。机器人通过大数据技术和数据挖掘分析，智能分析和记录客户行为，挖掘创造新的客户需求。同时还可以发现当前业务流程存在的问题，通过问题统计和客户反馈，助力营业厅优化运营流程，提高服务质量和盈利能力。除此之外，机器人还具有智能识别（人脸识别、身份证识别、VIP客户识别等）、自主打印、自主巡逻、自主避障等功能，夜间还可以借助具备星光级效果的超低照度摄像机和自主移动导航技术进行主动巡逻监控和异常报警。

（3）物理地理系统服务机器人

1）电力智能巡检机器人。随着我国国民经济的快速发展和电力需求的不断增加，电力用户对于供电安全性、稳定性和可靠性要求不断升级。为了更好地满足电力用户需求，同时尽可能降低检修的成本，电力公司从"十一五"时期开始逐步加大了对电力设备状态检测、监测技术的研发和试点力度，从而替代以人工巡检为主的巡检方式。然而，现有的巡检方式和技术与电力生产的安全性要求相比仍有距离，因此，通过电力智能巡检机器人取代人工巡检，实现电力检测、运维功能，具有重要意义。

如图4-17所示，在电力系统中，由于电能生产、输送、分配和使用的连续性，对系统中各设备单元的安全可靠运行都有很高的要求。特别是随着电力工业向着大机组、大容量、高电压方向的迅速发展，保障设备运行的可靠性更成为安全生产的突出课题。因此，电力设备的运维检测，特别是一些先进技术、方式、方法在设备故障诊断中的应用也越来越受到普遍的重视，取得的经济效益也越来越明显。

图4-17 电力智能巡检机器人

电力设备的运维检测是指通过对电力设备的运行状态进行检测或监测，获取电力设备状态信息，及时发现各种设备劣化过程的发展状况，并在设备可能出现故障或性能下降到影响正常工作前，及时进行维修、更换，从而保障整个电网运行的安全性、稳定性和可靠性。

2）植保无人机。中国作为农业大国，拥有 18 亿亩基本农田，每年需要大量的农业植保作业，所以植保无人机逐渐成为了行业新宠，各地陆续出现将无人机用于植保的案例。

如图 4-18 所示，无人驾驶小型直升机具有作业高度低、飘移少、可空中悬停、无须专用起降机场，旋翼产生的向下气流有助于增加雾流对作物的穿透性、防治效果高，可远距离遥控操作，喷洒作业人员避免了暴露于农药的危险、提高了喷洒作业安全性等诸多优点。另外，电动无人直升机喷洒技术采用喷雾喷洒方式，至少可以节约 50% 的农药使用量，节约 90% 的用水量，这将很大程度的降低资源成本。电动无人机

图 4-18 植保无人机

与油动的设备相比，整体尺寸小、重量轻、折旧率更低、单位作业人工成本不高、易保养。

植保无人机有以下特点：

① 采用高效无刷电动机作为动力，机身振动小，可以搭载精密仪器，喷洒农药等更加精准。

② 地形要求低，作业不受海拔限制，在西藏、新疆等高海拔地域仍然可以使用。

③ 起飞调校短、效率高、出勤率高。

④ 环保，无废气排放，符合国家节能环保和绿色有机农业发展要求。

⑤ 易保养，使用、维护成本低。

⑥ 整体尺寸小、重量轻、携带方便。

⑦ 提供农业无人机电源保障。

⑧ 具有图像实时传输、姿态实时监控功能。

⑨ 喷洒装置有自稳定功能，确保喷洒始终垂直地面。

⑩ 半自主起降，切换到姿态模式或 GPS 姿态模式下，只需简单地操纵油门杆量即可轻松操作直升机平稳起降。

⑪ 失控保护。即直升机在失去遥控信号的时候能够在原地自动悬停，等待信号的恢复。

⑫ 机身姿态自动平衡，摇杆对应机身姿态，最大姿态倾斜 45°，适合于灵巧的大机动飞行动作。

⑬ GPS 姿态模式，精确定位和高度锁定，即使在大风天气，悬停的精度也不会受到影响。

⑭ 新型植保无人机的尾旋翼和主旋翼动力分置，使得主旋翼电动机功率不会被尾旋翼耗损，进一步提高载荷能力，同时加强了飞机的安全性和操控性。这也是无人机发展的一个方向。

⑮ 高速离心喷头设计，不仅可以控制药液喷洒速度，也可以控制药滴大小，控制范围在 $10 \sim 150\mu m$。

（4）国防服务机器人　国防类服务机器人是一种用于国家军事领域或安保领域的具有某种仿人功能的自动机，因此也被称为军用机器人（Military Robot）。从物资运输到搜寻勘探以及实战进攻，军用机器人的使用范围广泛。从理论上讲，机器人既然是一种仿人功能的自动机，那么，只要人能干的工作，机器人就都可以取而代之。然而，由于受科技水平的限制，迄今不论哪一代机器人，其智能水平、反应能力和动作的灵活性都还远远赶不上自然人。因此，机器人在军事领域的大规模应用尚需一个过程。目前，国外考虑最多的应用领域有用于直接遂行战斗任务；用于侦察和观察；用于工程保障；用于指挥、控制；用于后勤保障等。

1）作战机器人。随着技术的发展，机器人将越来越多地应用到军事领域。而在特种作战领域，也出现了许多非常独特的机器人。它可以不经过人类干预，自主选择和攻击包括人员和装备在内的军事目标，所以也叫作"杀手机器人"。自动化武器，以自足完备和独立的方式运行，在设定好的可控环境中严格执行预编程行动或序列。如图4-19所示，它们的攻击目标、攻击决策以及攻击方式都是由人类预先设定的。遥控武器，一般由战区之外的操作人员控制着进行战斗，可以被固定在一处，也可以自行移动。而自主性武器的特殊之处是，在某些关键性的能力方面，机器可能给出并执行自己的决策，而不是按照人类预先设定好的程序或者人类远程的遥控来执行。自主程度最高的则是全自主武器，它可以自行在战场上执行完整的任务，但目前还没有具备这种能力的武器系统出现。

图 4-19　作战机器人

在未来，作战机器人如果应用于战争，在军事方面会起到许多正面作用。例如，降低己方士兵的风险，降低人与人之间近距离战争的代价。此外，作战机器人也可节约成本，其又在速度、准确性上高于人类，而且不用休息。且人工智能武器更稳定，并且能够抵达人类不可及之处，完成搜救和保护任务。作战机器人的运用，意味着自然人在武装冲突中直接发挥的作用越来越小，武器所发挥的作用则越来越大，将影响并改变未来战场的战斗人员构成与战斗能力的变化，特别是这种武器的集群式运用，对未来作战的指挥体制、力量运用、供给保障等方面将产生革命性影响。

2）侦察机器人。侦察的危险系数非常高，而机器人则可以代替人类完成这项工作。除军事行动方面应用外，也可以用于追查跟踪犯罪，比如犯罪嫌疑人藏在封闭、狭小的环境中，如果再加上劫持人质，民警就很难迅速将其逮捕。有了这种机器人，民警可让其进入危险环境中。如图 4-20 所示，机器人自带摄像头，可以让远程操控的民警通过屏幕观察犯罪嫌疑人的一举一动；还可以采集音频，让民警在远程控制中听到声音以便做出更加准确的判断。而它身上的"小手臂"，则可助其克服一些小型工作障碍。目前正在研制的这类机器人有：

图 4-20　侦察机器人

① 战术侦察机器人。它配属侦察分队，担任前方或敌后侦察任务。该机器人是一种仿人形的小型智能机器人，身上装有步兵侦察雷达，或红外、电磁、光学、音响传感器及无线电和光纤通信器材，既可依靠本身的机动能力自主进行观察和侦察，还能通过空投、抛射到敌人纵深，选择适当位置进行侦察，并能将侦察的结果及时报告有关部门。

② 三防侦察机器人。它用于对核沾染、化学染毒和生物污染进行探测、识别、标绘和取样。

③ 地面观察员/目标指示员机器人。它是一种半自主式观察机器人，身上装有摄像机、夜间观测仪、激光指示器和报警器等，配置在便于观察的地点。当发现特定目标时，报警器使向使用者报警，并按指令发射激光镇定目标，引导激光寻的武器进行攻击。一旦暴露，还能依靠自身机动能力机动寻找新的观察位置。

类似的侦察机器人还有"便携式电子侦察机器人""铺路虎式无人驾驶侦察机""街道斥候机器人"等。

4.2　服务机器人的典型系统组成

4.2.1　机械结构

服务机器人是继工业机器人发展而来，但它的机械结构设计难度却不比工业机器人低。工业机器人目前较流行的结构外形是机械手臂，外形上也比服务机器人普遍要大。

服务机器人的机械结构相当于人类的骨骼一样。机器人系统的各种功能离不开机械结构，机械结构是整个系统的基础。机械系统的设计，既要考虑能够完成预定的使用功能，又要能够保证执行机构实现所需的运动。另外，还要考虑保证机械系统零部件工作的可靠性及设计的可行性。合理的、优化的机械设计不仅能提供可靠的机器人本体，更可以减少调试试验中的不可靠因素。但是，机械设计周期十分长，受到的影响因素也很多，包括加工精度、热处理工艺、材料选取、装配工艺、非正常工作状况等都将影响到机械系统的性能，所以机械系统的设计在本项目中显得十分重要。

微视频4-3
机械结构

　　一般而言，大多数服务机器人都是移动式的。移动型机器人总体设计首先需要解决的问题就是选择适当的移动方式。目前，国内外移动式机器人采用的移动方式有很多，有步行移动机器人、轮式移动机器人、腿式步行机器人、蛇行移动机器人、爬行机器人、履带式机器人以及轮履复合式移动机器人等。这些移动方式各有各的优缺点。比如轮式移动机器人的优点是能高速稳定移动，能量利用率高，机构和控制简单，而且现有技术比较成熟，缺点是对路面要求较高，适用于平整的硬质道路，越过壕沟、台阶的能力较差；腿式步行机器人符合人体生理特点，速度和通过能力都较强，但目前大多数处于试验阶段，结构复杂，成本不易控制；履带式机器人主要用于户外作业，如战场武装机器人，适合于松软或泥泞场地进行作业，下陷度小，滚动阻力小，通过性能较好，缺点是重量大，能耗大，成本也较高。

　　1. 服务机器人一般机械结构

　　服务机器人机械结构的设计难度之所以比工业机器人机械结构设计难度要大，主要是因为服务机器人的机械结构具有多样化。人们会根据服务机器人所使用的场合及功能去考虑其机械结构如何设计，但为了体现服务机器人的人性化，往往会在综合考虑的情况下，尽最大努力把服务机器人设计成人形，一般类人机器人会仿人的动作，拥有完成各种任务所必需的机械部件，这些机械部件大致包括手部、腕部、手臂、机身和行走机构等。

　　1）手部是机器人与物件接触的部件，由于与物件接触的方式不同，可分为夹持式手部和吸附式手部。夹持式手部由手指和传动机构所构成，手指是与物件直接接触的构件，常用的手指运动形式有回转型和平移型，回转型手指结构简单，制造容易，故应用较广泛；平移型手指应用较少，原因是其结构比较复杂。手指结构取决于被抓取物件的表面形状、被抓部位和物件的重量及尺寸。

　　2）腕部是连接手部和手臂的部件，并可用来调整被抓取物件的方位。

　　3）手臂是支承被抓物件、手部、腕部的重要部件。手臂的作用是带动手部去取得物件，并按预定要求将其搬运到指定的位置，手臂通常由驱动手臂运动的部件与驱动源相配合，以实现手臂的各种运动。

　　4）机身是支承手臂的部件，也可以是手臂的一部分，但大部分的需要是将机身与手臂进行了分离，以使服务机器人行动更加灵活。

　　5）行走机构是指服务机器人用于行走的机械结构，当服务机器人需要完成较远距离的操作时，需要有行走机构的配合，以实现服务机器人整体的移动。根据外形的不同，可以分为足式、履带式和轮式行走机构。足式行走机构还在进一步研究当中，现在的服务机器人，特别是家庭个人服务机器人一般使用的都是轮式行走机构。轮式行走机构可分为滚轮、轨道等行走机构，滚轮行走机构又可以分为有轨的和无轨的两种。驱动滚轮运动则应另外增设机械传动装置。

2. 几种常见的服务机器人机械结构

（1）室内清洁机器人 室内清洁机器人主要由车体、吸尘装置、传感部分、控制部分组成。其机械结构包括车体结构、行走驱动系统结构以及传感器分布结构。

1）机器人的车体结构。机器人本体良好的结构设计是其他各项功能的基础。室内清洁机器人外形主要有矩形、圆形。而最常被采用的车体外形是圆形车体，圆形外形的车体拥有以下优点：运动灵活，控制简单，不会发生卡死的现象。

2）行走驱动系统结构。行走机构、车轮的个数、车轮的平面布置、驱动轮和从动轮的个数及分配对车体的灵活性、准确定位和导航都有着非常关键的影响。行走机构的决定应以尽量减少滑动、控制策略不过分复杂、制作相对容易为原则。自主移动清洁机器人是自主移动机器人的一种，其最主要的特征是其自主移动性，具有一个移动平台，能够在结构化或非结构化的，已知的或未知的环境中自主移动。这涉及传感器技术、环境信息分析、环境建模、通信、运动控制以及高级人工智能等多种复杂技术的综合集成。轮式、履带式移动机构在移动机器人中应用较多。

3）机器人的传感器分布结构。移动机器人要实现对外界环境的感知，就必须要建立一个对环境能够准确探测的传感器系统。传感器的选择要考虑多方面的因素。首先，根据移动机器人所要完成的任务和要求来决定使用哪些传感器；其次，根据各类传感器的使用性能和特点来选择。而且，还要考虑经济性即成本问题，不能一味地追求尖端技术的传感器。机器人通常采用的传感器分为内部传感器和外部传感器，其中内部传感器有编码器、线加速度计、陀螺仪、瓷罗盘等，用于控制和检测机器人本身；外部传感器包括视觉传感器、超声波传感器、红外线传感器、接触和接近传感器等，用于感知外部环境信息。选择机器人传感器应当完全取决于机器人的工作需要和应用特点，对机器人感觉系统的要求是选择机器人传感器的基本依据。

（2）个人卫生护理机器人 在个人卫生护理机器人结构设计中，为达到洗浴满意度、节水效率、节省空间、减轻护理人员负担等指标要求，对机械结构设计提出了一定的要求；基于洗浴时洗浴者的安全考虑，对洗浴过程中各运动部件稳定性和运动定位的准确性都提出较高的要求，同时为达到较高程度的自动化、智能化，测控系统的设计具有很重要的意义。个人卫生护理机器人是高度自动化、智能化的机械装置，机械结构和控制系统作为机器人的两大组成部分，对机器人的性能起到决定性的作用。以机械结构为测控对象设计测控系统，实现机械结构的功能要求。因此，熟悉机器人的机械结构，了解机械结构设计过程，有助于设计出更加合适的测控系统。

个人卫生护理机器人采用活动座椅式结构，完成对洗浴者洗浴时的辅助站立、腿部搓澡、臂部搓澡、背部搓澡、头部洗浴等功能。个人卫生护理机器人主要包括搓澡装置、搓头装置和头部定位装置，传动部分采用齿轮齿条机构，由伺服电动机带动做往复运动进行搓澡。洗头模块主要有搓头装置和头部定位装置组成，由直流电动机和伺服电动机提供动力。

（3）迎宾机器人 迎宾机器人的机械系统分为四部分：头颈、双手、机身和行走机构。机器人外形设计具有人形特征，在机械强度、刚度和成本允许的情况下，尽可能使机器人美观大方。其中迎宾机器人的头部能做点头和摇头运动，手臂包括大臂、小臂和手部，其中大臂和小臂可以自由转动，和手部一起完成握手和拥抱功能。底部行走部分能够完成机器人的前进、后退、左转和右转，完成机器人的行走功能。

1) 行走机构。行走机构是迎宾机器人的重要执行机构，它一方面支撑机器人的机身和头部、手臂；另一方面，还要根据工作要求，实现机器人在空间的运动。机器人的移动机构主要有：车轮式行走机构、履带式行走机构、腿足式行走机构。

2) 机身部件的机械结构。机身部件是迎宾机器人本体框架的主要部件。结构上，它是整个机械系统的核心部分。车轮、手臂、头部机构通过和机身部分相连，构成完整的机器人机械系统。电动机驱动器等也放置在机身部件中。所以机身部件的设计，要综合考虑多方面因素。

3) 手臂机械结构。迎宾机器人手臂的设计应根据应用的要求把机构的可靠性和结构简单作为设计的第一考虑。迎宾机器人要求能举手打招呼，通过大臂绕机体回转，实现带动手臂上升和下降。其次，要求能握手或拥抱，通过大臂回转90°后，小臂绕大臂做俯仰运动从而实现拥抱功能。同样，小臂绕大臂回转就可实现握手的功能。

4) 头部机械结构。系统通过语音控制机器人头部运动，头部运动分为上下和左右运动两个自由度，上下和左右摆动的幅度为120°，需要两个步进电动机控制。

（4）酒店服务机器人 酒店服务机器人机械系统划分为移动底盘模块和身体框架模块。移动底盘模块为酒店服务机器人提供移动能力，身体框架模块用来支撑机器人外壳，安装各种控制板卡、内外部各种传感器、供电电源及人机交互接口。移动底盘机械结构与其他服务装置相比，酒店服务机器人可根据任务需要在实际工作环境中自由地移动，其移动方式的选择从某种程度上会影响服务机器人的运动精度、灵活性及整个服务机器人系统的可靠性。因此，合理的选择和设计移动机构是服务机器人设计当中的一项基本而又重要的任务。

1) 移动底盘机械结构。一般而言，酒店服务机器人的移动机构主要有轮式移动机构、足式移动机构及履带式移动机构。相比足式移动机构，轮式移动机构的机器人拥有很多的优点，首先轮式移动机器人的驱动结构和运动控制相对简单，其能量的利用率较高，而且其负载能力也较大。另外，在实际的应用中，室内移动服务机器人多采用轮式移动机构，而履带式移动机构因其良好的越野性而在室外的恶劣环境中使用较多。根据实际应用的场合需求，将轮式移动机构作为酒店服务机器人移动底盘的驱动方案。轮式移动机器人的车轮数目不尽相同，排布方式各异，通常机器人的轮式移动机构有以下形式：前轮驱动转向、两轮差速驱动、多轮独立驱动转向及全向轮移动结构。

2) 身体框架及外壳结构。酒店服务机器人的身体框架是整个机器人的骨架结构，移动底盘、外壳及其他部件需安装固定在身体框架上来构成完整的机械系统，同时身体框架也可搭载各类控制板卡、传感器、电源及人机交互接口。

（5）导游服务机器人 导游服务机器人的机械结构设计，既要考虑能够完成预定的使用功能，又要能够保证执行机构实现所需的运动；另外，还要考虑保证机械系统零、部件工作的可靠性及设计的可行性。导游服务型机器人机械系统包括滚轮部件、机身部件、手臂部件和头部转动部件。该机器人机械系统的设计较为复杂，且工作量在本课题中占有较大比重。

4.2.2 硬件电路

服务机器人的硬件电路设计比较复杂，主要有控制系统电路、电动机驱动电路、传感器检测电路、外围电路和红外遥控电路等，如图 4-21 所示。

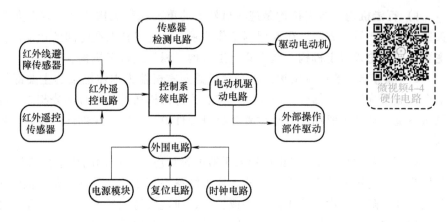

图 4-21 服务机器人的硬件电路

（1）控制系统电路 服务机器人的控制系统主要是以单片机作为核心，如图 4-22 所示。辅助其外围电路、电动机驱动电路、传感器检测电路以及红外遥控电路等，各模块在单片机的控制下，相互协调工作，保证服务机器人各种功能的实现。

图 4-22 常用作控制系统的单片机

控制系统的类型一般分为串型处理结构和并行处理结构，串型处理结构包括单 CPU 结构、集中控制方式和两级 CPU 结构、主从式控制方式及多 CPU 结构、分布式控制方式。常用作控制系统的单片机有 51 系列单片机、PIC 系列单片机和 AVR 系列单片机。

① 51 系列单片机应用最广泛的 8 位单片机首推 Intel 的 51 系列，它从内部的硬件到软件有一套完整的按位操作系统，称作位处理器或布尔代数。典型产品是 8051 单片机，其内有 4KB 的一次性可编程（OTP）存储器，还有 AT89C51、AT89C52 等产品已成为较主流的 8 位单片机。51 系列单片机 I\O 设置和使用也非常简单。

② PIC 系列单片机是美国微芯公司的产品，是当前市场份额增长最快的单片机之一。PIC 系列的单片机共分三个级别，即基本级、中级、高级，其中又以中级的 PIC16F873、PIC16F877 单片机使用得最多，原因是它们具有低工作电压、低功耗、驱动能力强等特点。PIC 系列单片机的 I/O 端口是双向的，其输出为 CMOS 互补推挽输出电路。由于 PIC 系列单片机的芯片稳定性和抗干扰能力较强，所以触角式工业机器人选择了该平台的控制系统。

PIC 系列单片机性能特点有：哈佛双总线结构，数据和指令传输总线完全分开，以避免典型的普通复杂指令集计算机（CISC）设计中经常出现的瓶颈问题。所以与常见的微控制器不同的一点是程序和数据总线可以采用不同的宽度，数据总线都是 8 位的，但低档、中档和高档系统的指令总线位数分别是 12、14 和 16 位。指令单字节化，因为数据总线和指令总线是分离的，并且采用了不同的宽度，所以程序存储器（ROM）和数据存储器（RAM）的寻址空间（即地址编码空间）是相互独立的，而且两种存储器宽度也不同。这样的设计不仅可以保证数据的安全，还能提高运行速度和实现全部指令的单字节化。类 RISC（RISC-like）结构为 8 位单片机市场建立了一种事实上的新性能标准，PIC 系列单片机采用了小型机设计结构。

③ AVR 系列单片机是 Atmel 公司推出的单片机，其显著的特点为高性能、高速度、低功耗。它取消了机器周期，以时钟周期为指令周期，实行流水作业。有三种为代表：AT90S2313（简装型）、AT90S8515、AT90S8535（带 A/D 转换功能）。AVR 系列的单片机的 I/O 引脚类似 PIC 系列单片机。

（2）电动机驱动电路 电动机驱动电路中一般采用步进电动机作为执行元件，步进电动机广泛应用于各种自动化设备中。步进电动机和普通电动机不同之处在于它是一种可以将电脉冲信号转化为角位移的执行机构，在工作中传递转矩的同时还可以控制角位移或速度。一般采用两台或多台步进电动机分别驱动服务机器人的行走机构部件，通过通电方式的不同使服务机器人的行走机构达到前进、后退、左转、右转的运动姿态。

（3）传感器检测电路 传感器类似人类的感觉器官。机器人是由计算机控制的复杂机器，具有类似人的肢体及感官功能，动作程序灵活，有一定程度的智能，在工作时可以不依赖人的操纵。传感器在对机器人的控制中起了非常重要的作用，正因为有了传感器，机器人才具备了类似人类的知觉功能和反应能力。检测作业对象及环境或机器人与它们的关系。一般在机器人上安装触觉传感器、视觉传感器、力觉传感器、接近传感器、超声波传感器和听觉传感器，大大改善了机器人工作状况，使其能够更充分地完成复杂的工作。由于外部传感器集多种学科于一身，有些方面还在探索之中，随着外部传感器的进一步完善，机器人的功能越来越强大，将在许多领域为人类做出更大贡献。

（4）外围电路 前面已经说到了服务机器人的机械结构、组成，包括手部、腕部、臂部和身体部分等，这些都是构成机器人的外部设备。因此，在这些部件之间以及这些部件与控制器之间的设计电路就称为外围电路，它是服务机器人各部件间的桥梁。

（5）红外遥控电路 在人类需要对服务机器人进行控制时，可以通过红外遥控器发送信号到机器人的接收器的方式进行控制，比如红外遥控器发射不同的码值使步进电动机正转、反转、加速、减速以及启动、停止来控制服务机器人的行走机构。单片机通过对红外信号的解码来实现步进电动机的变速。

4.2.3 控制算法

控制算法一般存在于机器人的控制存储器中，用于指挥机器人进行各种各样的运动。如果把控制存储器比作是人的大脑，那么控制算法就是大脑中的想法。机器人的任何动作都是由控制器进行控制的，对机器人的不同部件，控制器对它们的控制程度不同，因而控制算法也不同。即使是对机器人的同一部件，控制算法可能也有很多种，在选择控制算法时，要根据实际情况考虑。比如，需要机器人反应速度快，即实时性高时，机器人

微视频4-5
控制算法

必须在非常短的时间内做出灵敏的反应，所以现代的一些先进控制算法，比如模糊控制、神经元网络控制算法等不能选用。再比如，用于医疗手术的机器人，每个动作需要准确度高，因此为了提高机器人控制系统的控制精度，选用合适的控制算法显得十分必要。控制算法是任何闭环系统控制方案的核心，然而并非越复杂、精度越高的算法就越好。

机器人的控制算法有定位控制算法、导航控制算法、PID控制算法、变结构控制算法、自适应控制算法、模糊控制算法、神经元网络控制算法等。这些控制算法并非孤立的，在一个控制系统之中常常结合在一起使用。下面具体来介绍一下。

1. 定位控制算法

服务机器人在工作环境中进行精确定位，需要以该工作环境地图为基础，也就是说在服务机器人精确定位之前，工作环境地图需要在服务机器人移动的同时建立。然而，要建立工作环境地图，也必须要知道服务机器人在每个时刻的位姿状态。因此，研究服务机器人在工作环境中的定位问题时，就需要同时解决服务机器人定位和建立工作环境地图这两个并存的问题。这也就回归到了解决工作环境中服务机器人同时定位与地图建立（Simultaneous Localization and Mapping，SLAM）的问题，也被称为CML（Concurrent Mapping and Localization）问题。在已知的工作环境中，很多学者已经提出了较多的方法使服务机器人能较好地利用其自身所在环境进行定位，而当工作环境是未知的情况下，服务机器人是很难直接获得工作环境全局地图的，这时就需要利用其自身安装的辅助传感器对未知的工作环境特征进行探测，通过已探测到的这些环境特征和相对服务机器人的距离信息来建立局部工作环境地图，再将建立的局部工作环境地图融合成全局工作环境地图，服务机器人便能利用全局环境地图进行定位。

2. 导航控制算法

导航是服务机器人的基本功能之一，也是其完成服务任务的基础。机器人导航是指移动机器人通过传感器感知环境和自身状态，实现在有障碍物的环境中面向目标的自主运动。它解决的问题是：机器人感知到身在何处；机器人自己判断要往何处走；机器人要判断如何到达目的地。

移动机器人的导航方式很多，有惯性导航、磁导航、视觉导航、基于传感器数据导航、卫星导航等。这些导航方式分别适用于各种不同的环境，包括室内和室外环境、结构化环境与非结构化环境。

根据服务机器人的工作环境和执行的任务可以采用不同的导航方法。室内移动服务机器人自主执行任务时，应以最大的人员安全性及功能可靠性为条件，实现服务机器人行进过程中的障碍物（包括整体性和局部障碍物）自动检测、规避，并做出动作决策，能够按照规

则自动完成指定的任务，如遍历工作空间等。

3. PID 控制算法

PID 控制算法是应用最广泛，也是最成熟的控制算法，该算法方便、有效、可靠。PID 是"比例""积分"和"微分"这几个词语的英文单词首字母缩写的组合。在过程控制中，PID 用于控制精度，按偏差的比例（P）、积分（I）和微分（D）进行控制。"比例"是必需的，它直接影响精度，影响控制的结果；"积分"相当于力学的惯性，能使振荡趋于平缓；"微分"用于控制提前量，它相当于力学的加速度，影响控制的反应速度，太大会导致系统极不稳定，太小会使机器人反应缓慢。

PID 控制算法易让人理解和掌握，适用于不需要建立算法模型的机器人，其控制结果好、安全性高、稳定性好。具体算法调节 P、I 和 D 三项系数，控制系统中的大多数可以通过调节系数获得很好的闭环调节性能，实现系统功能。PID 控制算法一般包括位置式 PID 算法、增量式 PID 算法和微分先行 PID 算法。

4. 变结构控制算法

变结构控制算法是 20 世纪 50 年代发展起来的一种控制算法。所谓变结构控制，是指控制系统中具有多个控制器，根据一定的规则在不同的情况下采用不同的控制器。采用变结构控制算法具有许多其他控制算法所没有的优点，可以实现对一类具有不确定参数的非线性系统的控制。

5. 自适应控制算法

自适应控制是指系统的输入或干扰发生大范围的变化时，所设计的系统能够自适应调节系统参数或控制策略，使输出仍能达到设计的要求。自适应控制所处理的是具有"不确定性"的系统，通过对随机变量状态的观测和系统模型的辨识，设法降低这种不确定性。这种控制系统的结果常常是达到一定的控制指标，即"最优的控制"被"有效的控制"所取代。

自适应控制算法按其原理的不同，可分为模型参考自适应控制系统、自校正控制系统、自寻优控制系统、变结构控制系统和智能自适应控制系统等。在这些类型的自适应控制系统中，模型参考自适应控制系统和自校正控制系统较成熟，也较常用。

6. 模糊控制算法

在模糊控制算法中，输入量经过模糊量化成为模糊变量，由模糊变量经过模糊规则的推理获得模糊输出，经过解模糊得到清晰的输出量用于控制。

4.3 服务机器人的设计开发

4.3.1 服务机器人的设计开发特点

从广义概念上来说，服务机器人的设计开发流程是与工业机器人的设计开发流程是不一样的。服务机器人的应用具有普遍性，其制造商可以根据市场需求情况预先进行设计制造，然后再推向市场，供消费者选购。一般来说，服务机器人是针对某个消费群体的需求而进行的设计制造，它的功能和技能具有通用性，并不能最大限度地满足某个人或某一特定场地的需求。比如，餐厅机器人在设计生产的时候，其制造商并不是为某个餐厅的使用情况而设计，而是针对餐饮这个行业的使用情况而设计；再比如清洁机器人，其可以在不同的家庭中使用，而不是根据某个业主的家庭户型而设计的，这些清洁机器人的清洁功能及清洁方式都一样，一般人来说可以达到人们的清洁要求。

从狭义概念上来说，服务机器人的设计开发流程又与工业机器人的设计开发流程相同。这里说的设计开发流程主要是指机器人制造商设计方案、生产制造以及机器人调试等环节。

4.3.2 服务机器人的开发立项分析

服务机器人包括硬件系统和软件系统，在设计时一定要综合考虑。硬件系统设计时要考虑软件系统的算法实现能力，同时在编写具体软件时也要考虑到硬件系统的执行能力。服务机器人的设计开发流程是一项综合性很强的工程，首先要进行开发立项分析，也就是设计任务分析。

在进行设计任务与分析时，要充分了解待设计的服务机器人的应用场合和需要完成的一些基本功能，必要时需进行实地考察。根据服务机器人的应用场合和所需要的功能对待设计的机器人进行结构分析和策略规划。一般情况下，可以将设计任务与分析分为宏观设计任务与分析和微观设计任务与分析。

微视频4-6
设计任务
与分析

（1）宏观设计任务与分析　将项目管理的理论用于服务机器人设计任务与分析工作中，从宏观角度去思考服务机器人设计任务与分析。在资源有限的前提下，面对社会对服务机器人的众多需求，需要明确国家对服务机器人发展的政策，要掌握一些基本信息，包括市场、技术、资源、环境以及效益等几个方面的信息。

1）政策方面：需要考虑是否已列入国家中长期科技发展规划和国家标准化发展规划，是否符合国家标准化法。

2）市场方面：包括市场需求和市场供应。市场需求又包括现有市场覆盖率，市场需求满足度；潜在市场需求；客户群稳定性。市场供应主要指产品供应商市场参与度和配套产品的成熟度。

3）技术方面：包括主要技术和相关技术，主要从其发展阶段（技术周期：研发期、引进期、成长期或成熟期）进行评价。

4）资源方面：包括组织机构、资金保障、国际标准化状态。主要对管理机构，专家团队的能力、资金来源和保障情况以及国际标准化的状况进行评价。

5）效益方面：包括经济效益、社会效益、环境效益。

6）环境方面：从减少污染排放和减少温室气体排放两个方面进行评价。

掌握了以上信息之后，就可以知道将要做哪个方面的服务机器人，见表4-1。

表4-1　服务机器人项目结构分解

		机器人管家、伴侣、助理、类人型机器人
个人/服务机器人	家用机器人	家庭保洁机器人
		其他
	教育/娱乐机器人	娱乐机器人
		教育训练机器人
		其他

（续）

个人/服务机器人	助老助残机器人	智能轮椅
		个人康复机器人
		其他辅助功能机器人
	家居安防机器人	其他
	其他	
专业服务机器人	专业清洁机器人	地板清洁机器人
		窗户和外墙清洁机器人
		管道清洁机器人
		外壳清洁机器人
		其他
	检查和维护机器人	设施装置机器人
		蓄水池、下水道、管道用机器人
		其他
	物流系统用机器人	快递、邮件系统用机器人
		工厂物流（包括自动引导车）
		货物搬运用机器人，户外物流用机器人
		其他物流
	医疗机器人	诊断用机器人
		辅助外科手术或治疗机器人
		康复机器人
		其他
	救援及安保机器人	救援机器人
		安保机器人
		其他
	公共服务机器人	酒店机器人
		移动引导机器人，咨询机器人
		导购机器人
		图书馆机器人
		其他
	其他用途服务机器人	加油机器人
		其他
	特种（极限环境）机器人	水下、空间、核环境等
	军用机器人	侦查、扫雷等
		其他
	其他用途	农业用服务机器人
		牧业
		林业
		采矿业
		建筑施工机器人及机器人化装备
		核工业
		其他

每一种服务机器人品种还可以再细分，如家庭保洁机器人就有清洁地面和清洁墙壁或清洁玻璃等不同种类的产品。由于各种服务机器人使用环境和应用领域完全不同，所以每一种服务机器人的标准化都不一样。从上表可以看出，服务机器人标准数量很大，在资源有限的情况下，优先确保标准化达到社会效益和经济利益最大化。

对服务机器人设计任务与分析的过程中还需要运用项目管理中的"SWOT"进行分析。

1）优势（Strength）分析：新的技术领域市场前景广阔。目前老龄化社会已成为各国必须面对的问题，劳动力的减少，急需机器人进入社会、进入家庭服务领域，完成助老助残、陪伴、清洁、护理、康复甚至娱乐等工作；因为电子及信息技术的快速发展，使用人机对话方式的寓教于乐用机器人受到了少年儿童的青睐；有些场合人类不方便进入（如水下、空间以及危险场所等），机器人可以方便地进入替代人类工作；服务机器人涉及范围广，而产品种类仍有待进一步开发，作为产业化发展的必要条件，该领域的标准化工作也大有可为；在政策上，中国高度重视服务机器人的产业化，众多国内高校、科研院所和企业共同参与，开始了基于软/硬件分离的机器人模块化设计方法的前沿探索研究，研究机器人模块化体系结构和关键技术，体现了可重构的通用机器人的总体概念设计，以指导和推进服务机器人的研发及产业化发展。

2）劣势（Weakness）分析：发达国家有着雄厚的机器人技术及产品基础，已经开始了服务机器人技术标准化工作，且由于发达国家劳动力短缺的现象早于我国出现，他们对机器人用于社会和生活服务以及危险场所的领域研究早于我国。

3）机会（Opportunity）分析：目前各国的服务机器人种类较多。专用机器人主要是指军用机器人和农业机器人，且军用机器人按用途又分为许多种。个人和家用服务机器人大批量生产的企业并不多，各国服务机器人产业化均处于发展阶段，有些产品还处于开发样机阶段，更多的产品等待进一步开发。

4）威胁（Threat）分析：机器人诞生于美国，在欧洲和日本发展壮大，日本、美国、欧洲被称为世界机器人技术发展的三极。近年来，各国都从国家层面制定了机器人计划及发展路线图，加大了投入的力度。而我国近几年的服务机器人的发展也突飞猛进，因此这一领域的竞争非常激烈。

（2）微观设计任务与分析　服务机器人的产品设计与普通工业产品设计一样都需要有一定的设计原则作为指导。研究设计适合服务机器人产品，需根据工业产品设计的相关理论，从功能、人机工学、审美规律等方面进行。

1）满足功能需求。产品是以功能为核心存在的，没有功能作为支持，产品也将不存在。所以产品首要的是具有明确的使用功能，用来满足人们物质或精神方面的需求。对于服务机器人产品，主要是满足以下两方面的功能需求：

① 服务机器人产品的产生是由于人们渴望从枯燥、繁重的工作、生产中解脱出来，因此服务机器人产品首要的功能应该是能够满足解放人类的体力、部分脑力劳动的功能需求。

② 老年人和残障人士的护理将成为社会生活中的一个非常重要的工作。同时青少年的教育也呈现多元化的发展趋势，提倡素质教育、培养研究型、操作型、通识型人才的理念正慢慢改变着现有的教育模式，日常生活中的趣味性、娱乐性需求随之增强，新生活方式的不断出现也在改变着人类的精神需求。而服务机器人的更新发展正是为了满足此类需求。因此服务机器人产品应该有助于缓解人们疲劳的心理状态，给人们带来欢愉与安慰感，从而带给

人们以精神享受。其在产品造型上也应该迎合大众的精神需求，多采用流行的、趣味性足的、优美的、比较贴近人们生活的造型元素，满足人们寻求精神慰藉的要求。

2）基于人机工程学设计。产品最终目的是要被人使用的。许多产品在投入到市场后销量并不好，造成这样结果的原因不仅与产品的造型、工艺、性能等有关，更为重要的是产品并没有从用户的角度出发，分析、整理用户的实际需求，不符合用户的使用习惯或者喜好，不能给用户带来美好的感受、舒适的体验。产品的人机工程学设计主要研究人—产品—环境三者之间的相互作用关系问题，使设计的机器和环境系统适合用户需求，从而提高工作效率，同时保证人的安全、健康和舒适。对于服务机器人产品的人机工程学设计，主要考虑安全性、宜人性、人机交互界面等方面的因素。

① 安全性方面。人类在日常需求得到满足后，就希望满足安全需求。由于服务机器人的特殊性，它直接和人打交道，在机器人与人类接触时必然会增加潜在的危险性。怎样实现人与机器人各自的智能划分、相互之间的信息传递，怎样保证机器人的使用不对人类造成危害等都是必须解决的问题。安全性作为机器人一种重要的设计和使用性能指标，已受到工业界和学术界的广泛关注。

服务机器人的功能主要是给人类提供帮助、服务，避免设计制造给人类带来危害的服务功能是保证安全性的首要原则。其次，从技术层面上考虑，可以使用更智能化的传感器系统、操作系统，使功能实现简洁化、智能化、快速化。例如，多传感器信息融合技术能够保证服务机器人识别环境，了解人类意图，执行命令的准确性等。

对于服务机器人的结构，特别是各组件之间的连接，应该力求结构简单，便于安装、拆卸和维护，但不能以牺牲强度和可靠性为代价，还要考虑结构组件在使用过程中是否会对人体造成伤害。

造型不仅是影响消费者购买产品的关键因素，也是安全性集中体现的最好载体。服务机器人是要与人亲密接触的，因此造型上尽量采用曲面元素，面与面之间的过渡要圆润，避免出现尖角、棱边、凸起等；功能键的布局、大小尺寸要合理，便于人快速准确地使用；良好的人机接口设计，也可以极大地提高机器人系统的安全性。

传统机器人多采用金属等比较硬的材料，科技感较强，但安全感、舒适感较低，随着新材料、新技术的出现，应尽可能选择软性、健康无污染、耐高温等性能优异的材料，既能满足产品强度需要，又便于清洗、保养和维护。

色彩的设计也很重要，不仅要能够体现出产品的特色品质、美观时尚，更要使色彩满足人类的心理需求。例如，需要警示的部位可以用鲜艳的色彩加以明示。尽量避免复杂、不和谐的色彩搭配，造成不必要的惶恐感。

② 宜人性方面。服务机器人产品根据其特殊性不仅要满足功能要求，更要考虑用户的心理因素，以确定其显示、操作、人机交互等特殊表现形式，同时充分考虑材料工艺等因素，使用户增加产品的好感度，获得视觉、听觉、触觉等心理上的亲近感。

人体尺寸。要求产品直接作用于人体部分的形式与尺寸，应与人体的生理特征（尺寸分布规律、身体形态、身体素质等）和生理尺寸相协调。

结构与机构。要求产品结构与机构在技术允许的条件下可实现，并在成本控制范围之内。服务机器人产品的结构相对比较庞大复杂，要保证各机件的相对位置、安装强度与可靠性，保证各机件之间的逻辑关系，使产品能够正常运行。

材料与工艺。要求产品的材料质感与性能应符合使用者的心理习惯和机器人产品的设计定位要求，加工后的产品应体现其品质。目前服务机器人产品的材料多采用塑料、金属、复合材料等，拥有不同的质感与性能。任何产品要获得美的形态必须通过相应的工艺措施来保证，产品的制造工艺、装饰工艺、表面处理工艺、装配工艺等都对产品最终的品质起着至关重要的作用，服务机器人产品更不例外。

作业空间。要求作业空间适合人体活动并有良好的视觉感受，特别是头、臂、手、腿、脚应有足够的活动空间，如手术室的空间大小要适宜，各种操作要方便舒适。

视觉。要求产品上的显示装置、控制仪表等与人观察有关的设计应满足人的视觉特性，与视野、视距有关的布局设计等都应有利于人能清晰、可靠地获得各种信息，与视觉有关的产品形态、色彩设计均要给人以美感。

听觉。要求产品上有发声装置的设计应与人的听觉特性相吻合，应声音清晰、音质柔美、传递信息准确。就目前的市场来看，普通服务机器人由于语音技术尚不够成熟，语言可能比较生硬、单调，缺乏有生气、抑扬顿挫的语气。

触觉。要求产品上的各种操纵把手、按键、旋钮等的形状和质感不会在人接触后使其产生不良心理感受，要使人触觉舒适。

信息处理。要求产品充分考虑人对信息的接受、存储、记忆、传递等能力，还要考虑用户能够接收信息的程度，不仅让人与机器人之间的信息交流准确，还要使信息流顺畅，避免误读、误解，接收、执行错误指令。

心理。要求产品在使用中可靠、稳定，满足人们的心理调节能力和心理反射机制，给人们安全感，减少操作失误的可能性。服务机器人通过头部、四肢、躯干等部件的动作，配合表情表现出的体态风貌，也要符合使用者的心理特性。

③ 人机交互方面。人机交互（Human-Computer Interaction）主要是研究系统与用户之间的交互关系。人机交互功能主要靠可输入/输出的外部设备和相应的软件来完成。人机交互界面是人与产品进行交互的操作方式，即用户与产品相互传递信息的媒介，其中包括信息的输入和输出，凡参与到人机信息交流的部分都与人机界面有"交流"。人机交互界面的设计直接关系到人机关系的和谐和人在工作中的主体地位，以及整个机器设备的易用性和效率。因为服务机器人是一个高度集成的智能化的独特产品，其主动服务于人，因此其产品界面应充分考虑功能和情感的主动性，遵循人性化、情感化、智能化的原则。服务机器人产品的界面设计首先要像其他工业产品一样，保证信息传达的准确性和用户操作的可靠性，实现服务机器人产品的实用功能，其次根据服务机器人的特性，应使其产品的界面具有主动性，即能主动地收集信息，自主进行判断、预测、执行相关任务，而不完全依靠用户，从而实现人机间的有效交互和智能化沟通，体现服务机器人产品界面的人性化。这需要人机交互系统的软件和硬件能够良好地运行，用户模型的建立能够真正体现用户的心理，界面显示设计要正确地将信息分配给合适的信息通道，并保证人机系统的信息流能顺利地通过人机界面。

3）遵循审美规律的原则。人类生活在一个理性、合乎逻辑的世界中，同时也生活在感性世界中。对于一个物品的设计与使用，既要考虑其实用性，也应考虑物品带给人们的感受。美感应是机能的一个部分，它是指介于使用者和产品之间，经观察而得到的感受，在合乎视觉、触觉条件的状态下，达到心理上舒适而愉悦的感觉。服务机器人产品的设计，除了要保证实现产品的功能，还要在外观造型上展现出特定的艺术美感和优良的品质；除了要遵循一些既定的美学规律，还要根据自身的独特性展现特有的审美特征。

① 形式美法则。工业产品的形式美法则，主要是研究产品形式美感与人的审美之间的关系，以美学的基本法则为内容来揭示产品造型形式美的发展规律，满足人们对产品审美的需求。人类在长期的社会实践中对事物复杂的形态进行分析研究，总结出形式美的基本法则，诸如变化与统一、比例与尺度、对比与调和、对称与均衡、稳定与轻巧、过渡与呼应、节奏与韵律等。

现代工业产品除了要充分地表现其物质功能特点、反映先进的科学技术水平外，还要能充分地展示产品的精神功能，给人们以美的感受。因此，服务机器人产品必须在表现功能的前提下，在合理运用物质技术条件的同时，充分地把美学艺术的内容和处理手法融合到整个产品（形态、色彩、人机关系、装饰等）的设计中，充分利用材料、结构、工艺等来体现产品的形式美。

② 技术美。技术美是伴随着人类的生产劳动而产生的，是在使用价值的基础上，以物的形式构成和形态特点获得的一种独立的价值存在，是科学技术和美学艺术相融合的新的物化形态，是科学技术时代所特有的一种审美形态。服务机器人产品除了外在的形式美感，其产品工程技术（包括产品的结构、材料、工艺、机构等）所体现出来的精致、细腻、严谨等特点都赋予了产品特殊的美感。

③ 色彩。颜色是一种交流语言，使用户能够理解其含义，使得产品能够与用户互动。在各种文化中，某些颜色具有象征作用。在具体设计中，设计人员要清楚所选择的颜色在产品使用语境中有什么象征。人们对不同产品具有不同的喜好颜色，各种颜色能够引起人们不同的心理感受或情绪反应。色彩的美感来自色彩适当程度的调和与对比。产品的色彩美感表现为产品色彩组合的秩序和与产品功能、人的生理和心理等因素的一致性。服务机器人产品的设计目的是让产品和谐地融入人们的生活中，而色彩可以唤起人们的各种情绪，服务机器人产品的色彩也可以有较多的选择。例如蓝色能带来平和、宁静的好心情，给人以轻松、活泼开朗、豁达辽阔的心理感受；绿色能带来清爽、柔和的气息，给人以亲近自然、环保、内涵、生命张力等感受。综上所述，服务机器人产品设计要灵活应用并遵循各种美学的规律，巧妙地搭配组合各种造型元素，充分考虑各元素带给人的生理和心理感受，设计出品质优秀、为人们提供更好服务的机器人产品。

4.3.3　服务机器人的设计开发流程

1. 总体流程

服务机器人设计开发总体流程如图 4-23 所示，可分为以下步骤。

（1）总体设计　根据服务机器人的应用场合和需要完成的任务，对整体结构和动作策略进行规划。

（2）机械、电气和软件设计　机械总体设计是利用机械基础知识，对服务机器人的整体机械结构进行设计，主要包括行走机构设计、操作机构

微视频4-7
服务机器人的
设计开发流程

设计、框架外形设计、轮廓尺寸设计、电池和传感器的安装位置设计、驱动方式设计等。从整体上来讲，机械总体设计必须与服务机器人所要完成的功能相适应。

电气总体设计主要包括原理图制作、PCB 制作、单片机和传感器选择等。电气是服务机器人最重要的部分，直接影响其功能的实现。

软件整体设计是分析和设计硬件所需的应用程序,实现并优化服务机器人功能。软件编程可以使服务机器人的功能更加丰富,动作更加完善。

(3)总装、调试、检验 在机械、电气和软件设计完成后,就可以进行服务机器人的总装整合及应用调试了,同时还要对服务机器人的各项能力进行客观的评价。

(4)外形包装 在服务机器人的应用调试完毕,且各项功能检验合格后,还需要对服务机器人的外形进行包装,至此整个设计和制作过程就完成了。

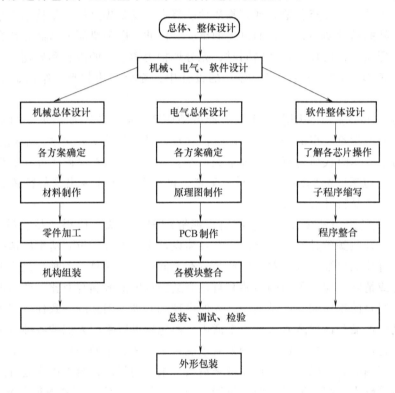

图 4-23 服务机器人设计开发总体流程

2. 机械结构设计流程

在完成设计任务与分析之后,就可以进行机械结构设计了,机械结构设计是非常重要的环节,主要包括操作机系统设计,如手部、腕部及臂部等;行走机构设计,如机器人的脚部,其可以是轮式也可以是履带式;机器人外形设计,如机器人的容貌、机器人的头部、机器人的主体;外围部件设计,如鼻子、眼睛、耳朵等;其他部件设计,如电池、主板及机器人的"心脏"等。在设计机械结构时,需要考虑很多的实际问题:任务能否

微视频4-8
机械结构
设计流程

完成;电池能量是否够用;所安装的传感器、单片机的接口是否足够;外形和动作是否协调、简单;机器人的结构件和连接件尽量选择型材和标准件;重量和尺寸是否超标等。

(1)机械结构设计软件 机械结构设计软件主要包括 SolidWorks(三维软件)、UG NX(三维软件)、Pro/E(三维软件)以及 AutoCAD(二维软件)等。

1)SolidWorks 软件。SolidWorks 软件是世界上第一个基于 Windows 开发的三维软件,它有功能强大、易学易用和技术创新三大特点,这使得它成为领先且主流的三维软件。

SolidWorks能够提供不同的设计方案、减少设计过程中的错误并提高产品质量。SolidWorks操作简单方便、易学易用，对于熟悉 Windows 系统的用户，基本上可以直接使用 SolidWorks完成设计。SolidWorks 独有的拖拽功能可以使用户在比较短的时间内完成大型装配设计。SolidWorks 资源管理器是同 Windows 资源管理器一样的 CAD 文件管理器，用它可以方便地管理 CAD 文件。使用 SolidWorks 软件，用户能在比较短的时间内完成更多的工作，能够让高质量产品更快地进入市场。

2）UG NX 软件。UG NX（Unigraphics NX）是 Siemens PLM Software 公司推出的一款产品工程解决方案，它为用户的产品设计及加工过程提供了数字化造型和验证方法。UG NX针对用户的虚拟产品设计和工艺设计的需求，提供了经过实践验证的解决方案。利用 UGNX 建模，工业设计师能够迅速地建立和改进复杂的产品形状，并且使用先进的渲染和可视化工具来最大限度地满足设计概念的审美要求。UG NX 包括了强大、应用广泛的产品设计应用模块，其具有高性能的机械设计和制图功能，为制造设计提供了高性能和灵活性，以满足用户设计任何复杂产品的需要。UG NX 优于通用的设计工具，具有专业的管路和线路设计系统、钣金模块、专用塑料件设计模块和其他行业设计所需的专业应用程序。

3）Pro-E 软件。Pro-E 是 Pro/Engineer 的简称，更常用的简称是 ProE 或 Pro/E，Pro/E是美国参数技术公司（Parametric Technology Corporation，简称 PTC）的重要产品，在目前的三维造型软件领域中占有着重要地位。Pro-E 第一个提出了参数化设计的概念，并且采用了单一数据库来解决特征的相关性问题。另外，它采用了模块化方式，用户可以根据自身的需要进行选择，而不必安装所有模块。Pro-E 基于特征方式，能够将设计至生产全过程集成到一起，实现并行工程设计。Pro-E 可以分别进行草图绘制、零件制作、装配设计、钣金设计、加工处理等，保证用户可以按照自己的需要进行选择使用。

4）AutoCAD 软件。AutoCAD（Autodesk Computer Aided Design）是 Autodesk（欧特克）公司首次于 1982 年开发的自动计算机辅助设计软件，可用于二维绘图、详细绘制、设计文档和基本三维设计，现已经成为国际上广为流行的绘图工具。AutoCAD 软件具有良好的用户界面，通过交互菜单或命令行方式便可以进行各种操作。它的多文档设计环境，让非计算机专业人员也能很快地学会使用，并在不断实践的过程中更好地掌握它的各种应用和开发技巧，从而不断提高工作效率。AutoCAD 软件基本特点：具有完善的图形绘制功能；具有强大的图形编辑功能；可以采用多种方式进行二次开发或用户定制；可以进行多种图形格式的转换，具有较强的数据交换能力；支持多种硬件设备；支持多种操作平台；具有通用性、易用性，适用于各类用户。

（2）服务机器人机身设计　服务机器人机身设计包括对外围部件，如鼻子、眼睛、耳朵等的设计，如图 4-24 所示。机身部件是机器人本体框架的主要部件。结构上，它是整个机械系统的核心部分，车轮、手臂、头部结构通过和机身部分相连，构成完整的机器人机械系统，电动机驱动器等也放置在机身部件中。所以机身

图 4-24　服务机器人机身设计

部件的设计，要组合考虑多方面因素。

根据功能要求，在设计服务机器人的机身部件时，主要考虑以下几点：

1）机身部件的尺寸对服务机器人的外形尺寸起着决定性作用，所以机身部件在满足服务机器人功能的前提下要严格按照尺寸指标设计。

2）服务机器人机械系统的其他部件都要求安装在机身部件上，且内部还要安装各种电气设备，所以在降低质量的同时，机身部件必须具有较好的强度和刚度。

3）机身内部空间有限，应考虑各种电气设备的合理布置。为了增强机身的强度和刚度，机身部件采用了框架结构。除了因为这种结构具有较好的力学性能外，还因其质量轻，制造周期短，同时能提供较大的内部空间。

（3）行走机构设计　行走机构是服务机器人的重要执行机构，一方面，它需要支撑机器人的机身、头部、手臂；另一方面，它还需要根据工作要求，实现服务机器人在空间内的运动。机器人的行走机构主要有：车轮式行走机构；腿足式行走机构，如图 4-25 所示；履带式行走机构，如图 4-26 所示。

装有腿足式行走机构的服务机器人对路况适应性好，用途广泛，但是其结构复杂，运动平稳性差，对控制系统的要求较高，所以控制难度大。装有车轮式行走机构的服务机器人动作稳定，操控简单，易于控制其运动速度和方向，适合在平整路面上行进，缺点是其对路况要求高，在低表面凹凸不平的路面行进的能力差。装有履带式行走机构的服务机器人则可以在不平整的路面行进，可以跨越障碍物，具有较强的适应性。其缺点是没有转向机构，只能靠左右履带间速度变化来实现转向，但这样操作容易使服务机器人产生滑动，不能准确确定回转半径。

图 4-25　腿足式行走机构　　　　　　　　　　　　图 4-26　履带式行走机构

（4）服务机器人手臂设计　服务机器人手臂设计包括手部、腕部及臂部等的设计，如图 4-27 所示。服务机器人手臂的设计应根据应用要求把可靠性和结构简单作为设计的第一要素。

如迎宾机器人的手臂主要实现的功能是抬臂和握手，为此将手臂设计成由大臂和小臂两个部分组成。为了结构紧凑，臂部构件采用的是质量轻的铝合金材料。迎宾机器人要求能举手与人打招呼，原理是大臂绕机身回转，实现带动小臂上升和下降。其次，其要求能与人握手或拥抱，原理是大臂回转后，小臂绕大臂做俯仰运动实现拥抱功能。同样的，小臂绕大臂回转就可实现握手的功能。

手臂的结构、工作范围、灵活性以及定位精度直接影响服务机器人的工作性能。一般实现臂部运动的驱动装置或传动件都安装在机身上，因此臂部的运动越多，机身的结构和受力情况就越复杂，控制难度也越大。

（5）服务机器人外形设计 服务机器人外形设计包括容貌、头部设计，如图4-28所示。系统通过语音控制服务机器人头部运动，头部运动分为上下运动和左右运动2个自由度，上下运动和左右运动的幅度为度，需要两个步进电动机控制。

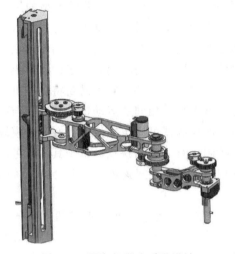

图4-27 服务机器人手臂设计

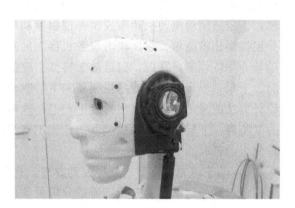

图4-28 服务机器人头部设计

3. 机械动作设计

微视频4-9
机械动作设计

机械动作设计包括行走方式、路线的规划、机械结构的承受能力、执行机构的动作编排等。服务机器人的应用场合不同，所需功能不同，使各服务机器人的机械结构设计均不一样。机械动作设计是以机械结构为基础，根据不同的机械结构设计的动作是不一样的。例如仿人服务机器人有臀关节、膝关节、踝关节、腰关节、肩关节以及肘关节等，每个关节有特定的区别于其他关节的动作以及活动范围：臀关节完成左右侧向微弱摆动及前后摆动、膝关节伴随大腿摆动屈伸、踝关节完成单脚支撑、落地时左右微弱扭动、抬腿落脚上下慢慢翻动、腰关节完成左右转向、肩关节完成体前左右摆动、体侧屈伸、肘关节完成提手、平衡运动姿态。再例如扫地机器人，它的机械结构与仿人服务机器人相差很大，其没有仿人服务机器人那么多"关节"，因此动作设计相对较少。扫地机器人的"关节"主要是其与地面接触的驱动轮、万向轮，能够使其在地面上向任意方向运动。

在进行某服务机器人机械动作设计前，首先要明确该服务机器人的作用及功能，即该服务机器人是用来做什么的。服务机器人在各种复杂的环境下运行完成指定任务，要求做到运动准确、快速、灵活，而控制系统是保证其完成前进、后退、制动、旋转等一系列技术动作的关键环节，所以控制系统要以最优的控制方式来保证服务机器人完成各种技术动作。所谓最优控制是指两个动作之间的平稳切换、动作组合、运动惯性的控制、电动机特性控制、路径规划、快速准确的定点移动等。服务机器人机械动作设计的内容包括：服务机器人运动模型的建立、服务机器人关节机构的设计、运动机构主要部件的选择、行走机构的选择、行走路径的设计等。

（1）服务机器人运动模型的建立　服务机器人的动作设计离不开运动学和动力学分析，运动学方程是描述服务机器人位姿表达的关系式，与其动力学方程不同，它不需要将系统本身产生运动的原因考虑在内，只研究其位姿与时间或其他变量导数之间的关系，是动力学方程的基础。因此，在为服务机器人建立运动模型时，可采用运动学模型，也可采用动力学模型，进而对服务机器人的动作进行分层控制。

1）基于运动学模型的分层控制方案。这种分层控制方案分为基于运动学模型的运动控制和驱动电动机转速控制上下两层。上层以服务机器人的运动学模型为基础，通过输入服务机器人的期望位姿或轨迹，基于运动学模型的控制器就可以输出服务机器人驱动轮的期望速度；下层的驱动电动机速度控制器控制驱动电动机使其达到期望的转速。基于运动学模型的分层控制比较简单，它反映出服务机器人的基本运动学特性。另外，它不需要将服务机器人的动力学特性考虑在内，但运动学特性一致的服务机器人采用相同的运动控制算法。与此同时，上层基于运动学模型的控制器和下层驱动电机速度控制器可以单独设计，有利于模块化设计方法的采用和控制算法的改进。但是这种分层控制也有一定的缺点，由于其没有考虑动力学特性，下层驱动电动机速度的控制不能实时达到所设计的期望速度，因此会给系统带来控制上的延时。

2）基于动力学模型的分层控制方案。这种分层控制方案是直接根据服务机器人的动力学模型设计的运动控制方式。通过分析服务机器人的动力学模型可知，这种分层控制方案不需要对每个驱动电动机进行闭环控制，基于动力学模型的控制器输入为服务机器人的期望位姿或轨迹，输出为服务机器人驱动电动机的电压或电流。

3）运动控制方案选择。通过对比两种运动控制方案的优缺点，一般情况下会选择基于运动学模型的分层控制方案来实现对服务机器人的运动控制，其主要原因如下：

① 服务机器人的运动学模型较动力学模型相对简单，使得其控制器的设计变得更为简单。

② 基于实际的加工条件、安装精度及材料均匀性等多重因素的影响，建立服务机器人精确的动力学模型是比较困难的。

③ 如果设计采用的下层驱动电动机是自带光电编码器的无刷直流电动机，其中编码器较容易测得驱动电动机的速度并反馈给下层速度控制器。

④ 上层基于运动学模型的控制器和下层的驱动电动机速度控制器可以单独进行设计，有利于下层运动控制器模块化设计，也便于后期各模块控制算法的改进。

（2）服务机器人关节机构的设计　在确定运动模型之后，还要进行服务机器人关节机构设计和运动机构主要部件的选择，其中要充分考虑控制系统，保证服务机器人所作出的所有动作，均是由控制系统控制各关节完成的。

控制系统是服务机器人最重要的部分，是整个系统的中枢。它一方面从外界环境中收集环境信息，建立环境模型，另一方面通过人机交互系统接收指令，结合环境模型产生控制信号，驱动机械系统产生相应的动作。比如一个 6 自由度服务机器人，每个自由度由一台步进电动机驱动，这就要求能够独立控制每台步进电动机。机器人选用运动控制卡来对步进电动机进行控制，这是一种开放式的运动控制技术。作为实现开放式控制系统的核心技术——开放式的运动控制技术，利用了近年来电子、网络通信、计算机和控制理论等各个领域的最新成果，可完成多个运动轴的控制，一直是各个国家的研究重点。

（3）运动机构主要部件的选择　运动控制器或运动控制卡作为运动机构的主要部件之一，在服务机器人的运动控制方面发挥了巨大作用。美国的 MEI、Delta Tau、Galil、Tech80 等公司，德国的 DSPACE 公司一直致力于研究开放式多轴运动控制器。此类控制器已经开始在机器人控制、半导体加工、电子装配系统、飞行模拟器等新兴行业得到应用，在传统的机床控制领域所占的市场份额也不断扩大。

开放式控制系统结构灵活，可充分利用现有丰富的 PC 软/硬件资源，又具有运动控制所需的实时性和可靠性。以运动控制器作为独立的标准部件可以明显缩短新产品的研制、开发周期。目前，由于以 DSP（Digital Signal Processor，数字信号处理器）为代表的高速、高性能专用微处理器的出现和 PC 的广泛普及，开放式运动控制器的发展趋势是以 DSP 作为运动控制器，以 PC 作为信息处理平台，运动控制器以插卡的形式嵌入 PC 中，即"PC+运动控制器"的模式。这样将 PC 的信息处理能力和开放式的特点与运动控制器的运动轨迹控制能力有机地结合在一起，具有信息处理能力强、开放程度高、运动轨迹控制准确、通用性好的特点。一般用计算机作为上位控制级计算机，运动控制器作为下位控制级计算机，通过总线形式连接，实现高速数据传输及控制。

（4）行走机构的选择及行走路径的设计　对服务机器人的行走机构进行选择，要充分考虑服务机器人所使用的环境，行走机构有车轮式、履带式或脚足式等，相应的硬件选择也要相适应，比如对步进电动机的选择，在对路径进行设计时也离不开步进电动机控制软件设计。

服务机器人中驱动电动机采用的是步进电动机，其最大特点是可以直接接收计算机的方向和速度控制，控制信号简单，便于数字化，而且有调速方便、定位准确、抗干扰能力强、误差不长期积累等优点。对于步进电动机的速度控制，理论上虽然是一个脉冲信号转动一个步距角，但由于转动惯量、负载转矩和矩频特性等因素的存在，电动机的起动、停止和调速，并不能一步完成，当步进电动机带着一定负载起动的时候，输出转矩和负载转矩之差作为加速转矩，使转子起动并加速。负载转矩越大，加速转矩越小，步进电动机就越不易起动，如果起动时一次将速度升到给定速度，由于起动频率超过极限起动频率，步进电动机就会发生失步现象，如果到终点忽然停下来，由于惯性作用，步进电动机会发生过冲现象，会造成位置精度降低的问题。在执行调速操作时，如果频率设置不当，也会造成步进电动机的失步或停机，直接影响运动性能，因此步进电动机的调速需要按照一定的调速曲线平缓地进行。速度曲线的设计依赖于诸多因素，其中最主要的是所选用电动机的两个技术指标，即起动频率和矩频特性，同时还和负载情况有关系。调速曲线没有一个固定的模式，一般根据经验和试验得到。

4. 电路设计

电路设计包括单片机的选型，可以选择 51 单片机系列、PIC 单片机系列或 AVR 单片机系列；控制器外围电路的设计；电动机驱动电路的设计等。

（1）常用电路设计软件

1）Protel 软件。Protel 是 Altium 公司在 20 世纪 80 年代末推出的 EDA 软件，是电子设计者的首选软件。它较早在国内推广使用，在国内的普及

微视频4-10
电路设计

率也较高。如今的 Protel 软件已经发展到 DXP 系列，是个完整的板级全方位电子设计系统，它包含了电路原理图绘制、模拟电路与数字电路混合信号仿真、多层印制电路板（PCB）设计（包含 PCB 自动布线）、可编程逻辑器件设计、图表生成、电子表格生成、支持宏操作等功能，并具有 Client/Server（客户/服务器）体系结构。其最新高端版本 Altium Designer 是一体化的电子产品开发系统，将设计流程、集成化 PCB 设计、可编程器件（如 FPGA）设计和基于处理器设计的嵌入式软件开发功能整合在一起，可同时进行 PCB 和 FPGA 设计以及嵌入式设计，具有将设计方案从概念转变为最终成品所需的全部功能。

2）Proteus 软件。Proteus 软件是英国 Lab Center Electronics 公司开发的 EDA 工具软件，它不仅具有其他 EDA 工具软件的仿真功能，还能仿真单片机及外围器件，是目前比较好的仿真单片机及外围器件的工具。Proteus 软件从原理图布图、代码调试到单片机与外围电路协同仿真，一键切换到 PCB 设计，真正实现了从概念到产品的完整设计。是集电路仿真软件、PCB 设计软件和虚拟模型仿真软件三合一的设计平台。

随着科技的发展，"计算机仿真技术"已成为许多设计部门重要的前期设计手段。它具有设计灵活，结果、过程统一的特点，可使设计时间大为缩短，耗资大为减少，也可降低工程制造的风险。使用 Proteus 软件进行单片机系统仿真设计，是虚拟仿真技术和计算机多媒体技术相结合的综合运用，有利于培养电路设计能力及仿真软件的操作能力。

（2）服务机器人电路设计　服务机器人需要设计的电路主要包括以下几种：控制系统电路、外围电路、电动机驱动电路、传感器检测电路、红外遥控电路。

服务机器人电路设计一般流程为设计电路原理图、生成网络表、设计印刷电路板。

1）设计电路原理图。在设计电路的最初，必须先确定整个电路的功能及电气连接图。用户可以使用 Protel 软件提供的所有工具绘制一张满意的原理图，为后面的几个工作步骤提供可靠的依据和保证，如图 4-29 所示。

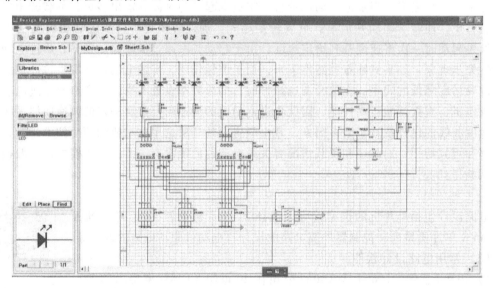

图 4-29　设计电路原理图

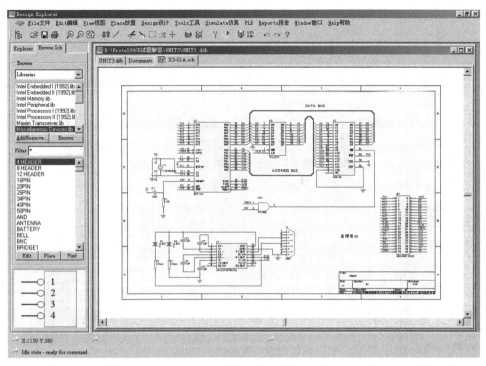

图 4-29　设计电路原理图（续）

一般来讲，进入 SCH 设计环境之后，需要经过以下几个步骤才算完成原理图的设计：

① 设置好原理图所用的图纸大小。最好在设计之初就确定好所用图纸的大小。虽然在设计过程中可以更改图纸的大小和属性，但养成良好的习惯会在将来的设计过程中受益。

② 制作元器件库中没有的原理图符号。因为很多元器件在 Protel 软件中并没有收录，这时就需要用户自己绘制这些元器件的原理图符号，并最终将其应用于电路原理图的绘制过程之中。

③ 对电路图的元器件进行构思。在放置元器件之前，需要先估计元器件的位置和分布，如果忽略了这一步，有时会给后面的工作造成意想不到的困难。

④ 元器件布局。这是绘制原理图最关键的一步，虽然在简单的电路图中，不太在意元器件布局最终也可以成功地进行自动或手动布线，但是在设计较为复杂的电路图时，元器件布局的合理与否将直接影响原理图的绘制效率以及所绘制出的原理图外观。

⑤ 对原理图内的元器件进行电气连接。这里提到的线路可以是导线、接点或者总线及其分支线。当然，在比较大型的系统设计中，原理图的线路连接并不多，更多的时候是应用网络标号来代替直接的线路连接。这样做既可以保证电路的电气连接，又可以避免使整个原理图看起来杂乱无章。

⑥ 放置注释。这样做可以使电路图更加一目了然，增强其可读性。同时，放置注释也是一个合格的电路设计人员所必须具备的素质之一。

2）创建网络表。如图 4-30 所示，要想将设计好的原理图转变成可以制作成 PCB 的图，就必须通过创建网络表这一步骤。在设计完原理图之后，通过原理图内给出的元器件电气连接关系可以创建一个网络表文件。用户在 PCB 设计系统下引用该网络表，就可以此为依据绘制 PCB。

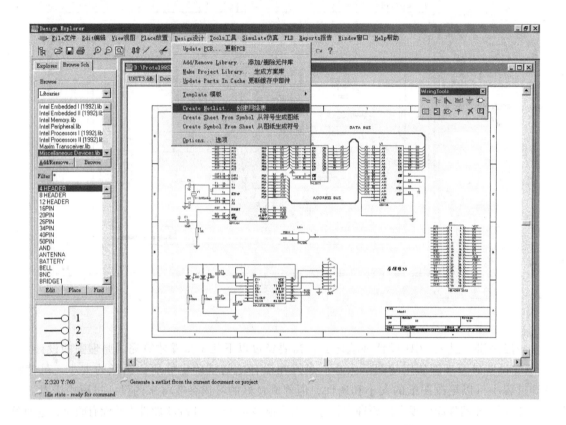

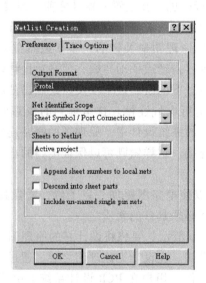

图 4-30 创建网格表

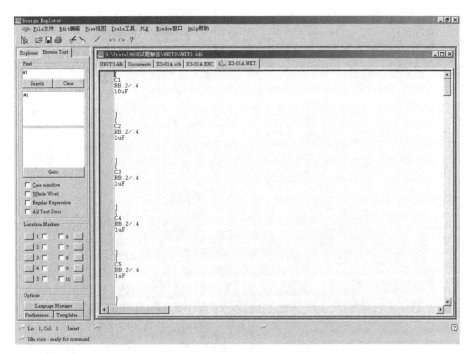

图 4-30　创建网格表（续）

3）设计 PCB。如图 4-31 所示，在设计 PCB 之前，需要先从网络表中获得电气连接以及封装形式，并通过这些封装形式及网络表内记载的元器件电气连接特性，将元器件的引脚用信号线连接起来，然后再使用手动或自动布线，完成 PCB 的制作。

对于初次接触 PCB 设计的用户来说，首先面临的问题就是设计工作中究竟包括哪些步骤，应该从什么地方入手、各个步骤之间的衔接关系如何。因此，在利用 Protel 软件设计印刷电路板之前，必须了解其基本工序，也就是印制电路板的布线流程。

① 绘制正确的原理图和网络表。原理图是设计 PCB 的前提，而网络表是连接原理图和 PCB 图的桥梁，所以在绘制 PCB 之前一定要先得到正确的原理图和网络表。

② 确定元器件封装。要完成从原理图到 PCB 图的转换，只有各个元器件对象的连接关系是不够的，还必须知道每一个元器件的封装形式（Footprint）。Protel 软件提供了丰富的标准元器件库，在导入网络表文件，必须先加载 PCB 元器件封装库，并且要确保所有用到的库都已载入。

③ 设置环境参数。用户可以根据自己的习惯设置环境参数，如栅格大小、光标捕捉大小、公制/英制单位的转换以及工作层面的颜色等。另外，因为 PCB 图由很多层构成，所以还需要对 PCB 的图层进行设置。

④ 规划 PCB。这一步主要是对电路板的各种物理参数进行设置，包括 PCB 是采用双层板还是多层板，PCB 的形状、尺寸、安装方式，在需要放置固定孔的地方放上适当大小的焊盘，以及在禁止布线层上绘制 PCB 的外形轮廓等。

⑤ 导入网络表。网络表中包含各个元器件的封装形式，以及元器件之间的连接关系，因此导入网络表之后就得到了 PCB 后续设计的基础。

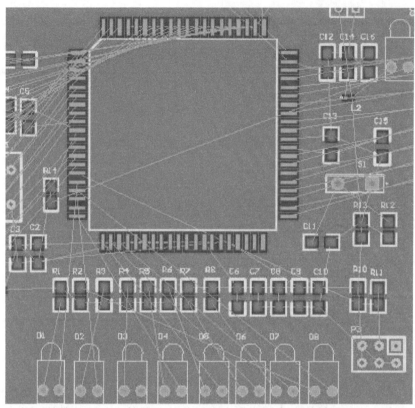

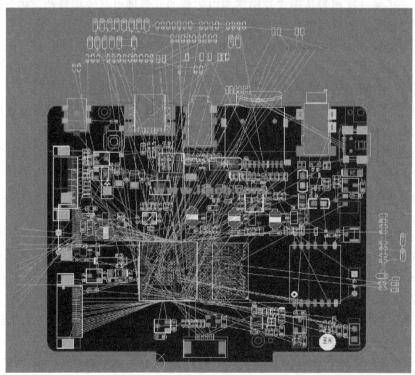

图 4-31　PCB 的制作

⑥ 元器件的布局。应当从机械结构、散热、电磁干扰、将来布线的方便性等各方面综合考虑。先布置与机械尺寸有关的元器件并锁定，然后布置较大的、占用空间较多的元器件和电路的核心元器件，最后布置外围的元器件。

⑦ 制订详细的布线规则。布线规则包括走线间距、各种线宽、过孔的大小、布线的拓扑结构等，这些规则需要根据所设计 PCB 的实际情况进行设置。另外，还要在不希望有走线的区域内放置填充层，如散热器和卧放的两脚晶振下方所在的布线层。

⑧ PCB 布线。这一步骤包括了手工布线、自动布线和手工调整三个方面。

⑨ PCB 引出端的处理。在实际的 PCB 设计中，电源、接地、信号的输入和输出端等必须与外界相连，引出方式根据工艺要求而定。常见的引出方式为利用焊盘引出和利用接插件引出，也可以在原理图中添加引出端，而后更新 PCB。

⑩ 敷铜与补泪滴。为了增强 PCB 的抗干扰能力，需要对各布线层的地线网络进行敷铜，根据需要可以有网格状敷铜或实心敷铜，也可以对电源网络进行敷铜。另外，还需要对所有过孔和焊盘补泪滴，对于贴片和单面板一定要加泪滴。

⑪ 进行设计规则检查。为了确保电路板图符合设计规则，以及所有的网络均已经正确连接，布线完毕后一定要做设计规则检查。这一步与前面已制订的布线规则是相互呼应的，一方面，可以根据制定好的设计规则来检查布线是否有错误；另一方面，可以对设计规则进行修改。

⑫ 调整其余层上的信息。全部调整完并且通过设计规则检查之后，将所有丝印层的字符拖放到合适位置，注意尽量不要放在元器件下面或过孔和焊盘的上面，对于过大的字符可适当缩小。最后再放上 PCB 名称、设计版本号、公司名称、文件首次加工日期、PCB 文件名、文件加工编号等信息，并可用第三方提供的程序加上中文注释。

⑬ 保存和导出 PCB 文件。设计完成后，还要对 PCB 文件进行整理、存档和打印图纸等工作。此外还可以导出元器件明细表，生成电子表格文档作为元器件清单等。

5. 机械元器件的生产与组装

服务机器人种类较多，功能各不相同，它们的具体组装方式也不相同。下面简单介绍服务机器人组装的一般流程及注意事项：

微视频4-11
硬件制作
和组装

（1）服务机器人组装前的准备

1）组装资料：包括总装配图、部件装配图、零件图、物料表等。直至项目结束，必须保证图纸的完整性、整洁性和过程信息记录的完整性。

2）组装场所：零件摆放、部件装配必须在规定作业场所内进行，整机摆放与装配的场地必须规划清晰，直至整个项目结束，所有作业场所必须保持整齐、规范、有序。

3）装配物料：作业前，按照装配流程规定的装配物料必须按时到位，如果有部分非决定性材料没有到位，可以改变作业顺序，然后填写材料催工单交至采购部解决问题。

4）组装前应了解服务机器人的结构、组装技术和工艺要求。

（2）基本规范

1）服务机器人机械组装应严格按照设计部提供的装配图纸及工艺要求进行装配，严禁私自修改作业内容或以非正常的方式更改零件。

2）组装的零件必须是质检部验收合格的零件，组装过程中若发现漏检的不合格零件，应及时上报。

3）组装环境要求清洁，不得有粉尘或其他污染，零件应存放在干燥、无尘、有防护垫的场所。

4）组装过程中零件不得磕碰、切伤，不得损伤零件表面，或使零件明显弯曲、扭曲、变形。

5）相对运动的零件组装时，其接触面间应加润滑油（脂）。

6）相配零件的配合尺寸要准确。

7）组装时，零件、工具应有专门的摆放设施。原则上零件、工具不允许摆放在服务机器上或直接放在地上，如果需要的话，应在摆放处铺设防护垫或地毯。

8）组装时原则上不允许踩踏服务机器人，如果需要踩踏作业，必须在服务机器人上铺设防护垫或地毯，重要部件及非金属强度较低部位严禁踩踏。

（3）联接方法

1）螺栓联接。

① 螺栓紧固时，不得采用活动扳手，每个螺母下方不得使用 1 个以上相同的垫圈，沉头螺钉拧紧后，钉头应埋入机件内，不得外露。

② 一般情况下，螺纹联接应有防松弹簧垫圈，对称多个螺栓拧紧方法应采用对称顺序逐步拧紧，条形连接件应从中间向两方向对称逐步拧紧。

③ 螺栓与螺母拧紧后，螺栓应露出螺母 1~2 个螺距；螺钉在紧固运动装置或维护时无须拆卸部件的场合，组装前螺钉上应加涂螺纹胶。

④ 有规定拧紧力矩要求的紧固件，应采用力矩扳手，按规定拧紧力矩紧固。

2）销联接。

① 定位销的端面一般应略高出零件表面，带螺尾的锥销装入相关零件后，其大端应沉入孔内。

② 开口销装入相关零件后，其尾部应分开 60°~90°。

3）键联接。

① 平键与固定键的键槽两侧面应均匀接触，其配合面间不得有间隙。

② 间隙配合的键（或花键）装配后，相对运动的零件沿着轴向移动时，不得有松紧不均现象。

③ 钩头键、锲键装配后其接触面积应不小于工作面积的 70%，且不接触部分不得集中于一处；外露部分的长度应为斜面长度的 10%~15%。

4）铆接。

① 铆接的材料和规格尺寸必须符合设计要求，铆钉孔的加工应符合有关标准规定。

② 铆接时不得破坏被铆接零件的表面，也不得使被铆接零件的表面变形。

③ 除有特殊要求外，一般铆接后不得出现松动现象，铆钉的头部必须与被铆接零件紧密接触，并应光滑圆整。

5）胀套联接。胀套装配：在胀套涂上润滑油脂，将胀套放入装配的毂孔中，套入安装轴后调整好装配位置，然后拧紧螺栓。拧紧的次序以开缝为界，左右交叉对称依次先后拧紧，确保达到额定力矩值。

6）紧定联接。锥端紧定螺钉的锥端和坑眼应均为 90°，紧定螺钉应对准坑眼拧紧。

（4）滚动轴承的组装

1）轴承组装前，轴承位不得有任何污渍。

2）轴承组装时应在配合件表面涂一层润滑油，轴承无型号的一端应朝里，即靠轴肩方向。

3）轴承组装时应使用专用压具，严禁采用直接击打的方法装配，套装轴承时加力的大小、方向、位置应适当，不应使保持架或滚动体受力，应均匀对称受力，保证端面与轴垂直。

4）轴承内圈端面一般应紧靠轴肩（轴卡），轴承外圈组装后，其定位端轴承盖与垫圈或外圈的接触应均匀。

5）滚动轴承装好后，相对运动件的转动应灵活、轻便，如果有卡滞现象，应检查分析问题的原因并作相应处理。

6）轴承组装过程中，若发现孔或轴配合过松，应检查公差；过紧时不得强行装配，应检查分析问题的原因并作相应处理。

7）在装配单列圆锥滚子轴承、推力角接触轴承、双向推力球轴承时，轴向间隙应符合图纸及工艺要求。

8）对采用润滑脂的轴承及与之相配合的表面，装配后应注入适量的润滑脂。

9）普通轴承在正常工作时温升不应超过35℃，工作时的最高温度不应超过70℃。

（5）直线轴承的装配

1）组装前，轴承内部应涂抹润滑脂。

2）轴承压入支承座时，应采用专用安装工具压靠外圈端面，不允许直接敲打轴承，以免变形。

3）轴承与支承座的配合必须符合公差要求，过紧使导轨轴与轴承过盈配合，会损坏轴承；过松会使轴承无法在支承座中固定。

4）导轨轴装入轴承时，应对准中心轻轻插入，如歪斜地插入，会使滚珠脱落，保持架变形。

5）轴承装入支承座时不允许转动，强行使其转动会损坏轴承。

6）不允许用紧定螺钉直接紧定在轴承外圈上，否则会发生变形。

（6）直线导轨的装配

1）导轨安装部位不得有污渍，安装面平整度必须达到要求。

2）导轨侧面有基准边时，应紧贴基准边安装；无基准边时，应保证导轨的滑动方向与设计要求一致。导轨固定螺钉拧紧后，应检查滑块的滑动方向是否有偏差，如有则必须调整。

3）如果滑块以传动带带动，传动带与滑块固定张紧后，传动带不得有斜拉的现象，否则必须调整带轮，使传动带的带动方向与导轨平行。

（7）链轮链条的装配

1）链轮与轴的配合必须符合设计要求。

2）主动链轮与从动链轮的轮齿几何中心平面应重合，其偏移量不得超过设计要求。若设计未规定，一般应小于或等于两轮中心距的2‰。

3）链条与链轮啮合时，工作边必须拉紧，并保证啮合平稳。

4）链条非工作边的下垂度应符合设计要求。若设计未规定，应按两链轮中心距1%～

2%调整。

（8）齿轮的装配

1）互相啮合的齿轮在装配后，当齿轮轮缘宽度小于或等于 20mm 时，轴向错位不得大于 1mm；当齿轮轮缘宽度大于 20mm 时，轴向错位不得超过轮缘宽度的 5%。

2）齿轮啮合面需按技术要求保证正常的润滑，齿轮箱需按技术要求加注润滑油至油位线。

3）齿轮箱满载运转的噪声不得大于 80dB。

（9）同步带轮的装配

1）主/从动同步带轮轴必须互相平行，不许有歪斜和摆动的问题，倾斜度误差不应超过 2‰。

2）当两带轮宽度相同时，它们的端面应该位于同一平面上，两带轮轴向错位不得超过轮缘宽度的 5%。

3）同步带装配时不得强行撬入带轮，应通过缩短两带轮中心距的方法装配，否则可能损伤同步带的抗拉层。

4）同步带张紧轮应安装在松边张紧，而且应固定两个紧固螺栓。

（10）平带的装配

1）安装前，所有的输送平面应调整水平。

2）带轮中心点连线应调整至同一竖直面上，且轴线相互平行。

3）平带的输送方向应按照皮带上标识的箭头方向安装，否则将影响其使用寿命。

（11）电动机、减速器的装配

1）检查电动机型号是否正确，减速器型号是否正确。

2）组装前，将电动机轴和减速器的连接部位清洁干净。

3）电动机法兰螺钉拧紧前，应转动电动机纠正电动机轴与减速器、联轴器的同心度，再将电动机法兰与减速器连接好，对角拧紧固定螺栓。

4）伺服电动机在装配过程中，应保证电动机后部编码器不受外力作用，严禁敲打伺服电动机轴。

5）伺服减速器的安装。

① 移动减速器法兰外侧的密封螺钉以便于调整夹紧螺钉。

② 旋开夹紧螺钉，将电动机法兰与减速器连接好，对角拧紧定位螺栓。

③ 使用合适扭力拧紧夹紧环，然后拧紧密封螺钉。

④ 将电动机法兰螺栓扭至松动，点动伺服电动机轴或用手转动电动机轴几圈，纠正电动机轴与减速器、联轴器的同心度。

⑤ 最后将电动机法兰与减速器连接好，对角拧紧定位螺栓。

（12）机架的调整与连接

1）不同段的机架高度调节应按照同一基准点调整到同一高度。

2）所有机架的墙板应调整至同一竖直面上。

3）各段机架调整到位、符合要求后，应安装相互之间的固定连接板。

（13）气动元器件的装配

1）每套气动驱动装置的配置，必须严格按照设计部提供的气路图进行连接，阀体、管接头、气缸等连接时必须核对无误。

2）总进气减压阀需按照图纸中所标注的箭头方向进行进出口连接，空气过滤器和油雾器的水杯和油杯必须竖直向下安装。

3）配管前应充分吹净管内的切削粉末和灰尘。

4）管接头是螺纹拧入的，如果管螺纹不带螺纹胶，则应缠绕生料带，缠绕方向从正面看，朝顺时针方向缠绕，不得将生料带混入阀内，生料带缠绕时，应预留1个螺牙。

5）气管布置要整齐、美观，尽量不要交叉布置，转弯处应采用90°弯头，气管固定时不要使接头处受到额外的应力，否则会引起漏气。

（14）组装检查工作

1）每完成一个部件的组装，都要按以下的项目检查，如发现组装问题应及时分析处理。

① 组装工作的完整性。核对组装图纸，检查有无漏装的零件。

② 各零件安装位置的准确性。核对组装图纸，按要求进行检查。

③ 各联接部分的可靠性。检查各紧固螺钉是否达到组装要求的扭力，特殊的紧固件是否达到防止松脱要求。

④ 活动件运动的灵活性。如输送辊、带轮、导轨等手动旋转或移动时，检查是否有卡滞或别滞现象，是否有偏心或弯曲现象等。

2）总装完毕后主要检查各组装部件之间的联接。

3）总装完毕后应清理机器各部分的铁屑、杂物、灰尘等，确保各传动部分没有障碍物存在。

4）认真做好起动过程的监视工作，服务机器人起动后，应立即观察主要工作参数和运动件是否正常运动。

5）主要工作参数包括运动的速度、运动的平稳性、各传动轴旋转情况、温度、振动和噪声等。

6. 程序编写

程序编写包括测量电动机、舵机、传感器等感知系统和执行系统部件的参数，根据参数编写程序、实验室调试、现场调试等。一般来说，服务机器人的步进电动机驱动程序和自主避障程序是比较重要的两个程序。服务机器人的编程软件有很多，分专用型和通用型，目前服务机器人还没有统一的标准，各个服务机器人厂家都为自己开发的服务机器人配有相应的编程软件。

微视频4-12
程序编写

（1）通用型编写程序的软件

1）VC++。即 Microsoft Visual C++（简称 Visual C++、MSVC、VC++或 VC）是微软公司的 C++开发工具，具有集成开发环境，可提供编辑 C 语言，C++以及 C++/CLI 等编程语言。VC++集成了微软 Windows 视窗操作系统应用程序接口（Windows API）、三维动画 DirectX API、Microsoft. NET 框架，它拥有语法高亮、自动完成以及高级除错功能。比如，它允许用户进行远程调试、单步执行等，还允许用户在调试期间重新编译被修改的代码，而不必重新启动正在调试的程序。

一般情况下，VC++被整合在 Visual Studio 之中，但仍可单独安装使用。Visual Studio 是微软公司推出的开发环境，可以用来创建 Windows 应用程序和网络应用程序，也可以用来创建网络服务、智能设备应用程序和 Office 插件。Visual Studio 是目前最流行的 Windows 平台应用程序开发环境。

2）Keil C51。Keil C51 是美国 Keil Software 公司开发的 51 系列兼容单片机 C 语言软件开发系统，与汇编语言相比，Keil C51 在功能上、结构性、可读性、可维护性上有明显的优势，因而易学易用。Keil C51 提供了包括 C 编译器、宏汇编、链接器、库管理和一个功能强大的仿真调试器等在内的完整开发方案，通过一个集成开发环境（μVision）将这些部分组合在一起。

Keil C51 软件提供了丰富的库函数、功能强大的集成开发调试工具和全 Windows 界面。Keil C51 工具包的整体结构，即 μVision 与 Ishell 分别是 C51 for Windows 和 for Dos 的集成开发环境（IDE），可以完成编辑、编译、连接、调试、仿真等整个开发流程。开发人员可用 IDE 本身或其他编辑器编辑 C 或汇编源文件。然后分别由 C51 及 C51 编译器编译生成目标文件（.obj）。目标文件（.obj）可由 LIB51 创建生成库文件，也可以与库文件一起经 L51 连接定位生成绝对目标文件（.abs）。绝对目标文件（.abs）由 OH51 转换成标准的 .hex 文件，以供调试器 dScope51 或 tScope51 使用进行源代码级调试，可由仿真器使用直接对目标板进行调试，也可以直接写入程序存储器（如 EPROM）中。Keil C51 生成的目标代码效率非常高，多数语句生成的汇编代码很紧凑，容易理解。在开发大型软件时更能体现高级语言的优势。与汇编语言相比，C 语言在功能、结构性、可读性、可维护性上有明显的优势，因而易学易用。

（2）服务机器人程序编写步骤

1）分析问题。抽象出描述问题的数据模型，即它要单片机整体实现什么功能，再进行功能细分（模块化），即先干什么，再干什么，最后干什么。

2）确定问题的算法思想。画初步流程图，把几个模块画出即可。

3）画出流程图或结构图。首先对模块之间进行分析：一个模块到另一个模块之间怎么转换，怎么连接，优化流程图。其次对单个模块进行分析：每个模块要做什么，细化流程图。最后所有模块结合连接，细化所有流程图。

4）分析存储器和工作单元（寄存器）。分析单个模块的每步要用到的方法或者指令。

5）测量电动机、舵机、传感器等感知系统和执行系统部件的参数，再根据参数编写程序。

6）逐条编写程序。可先在纸上写下程序，对照流程图分析其可行性，若不可行则返回。

7）静态检查，上机调试。一般情况下，电动机运动控制是每个服务机器人都要用到的控制，图 4-32 为服务机器人电动机调速控制主程序流程图，图 4-33 为服务机器人外部中断子程序，图 4-34 为服务机器人机械臂运动的关节电动机调速程序的流程，图 4-35 为服务机器人中断服务子程序。

7. 调试修改

调试修改指的是对服务机器人整机进行调试，包括硬件和软件方面。根据实际场地实验情况反复修改程序和硬件，直到符合要求，并尽可能做到精益求精。程序的调试和修改非常重要，但这一部分的工作比较枯燥、单调。

微视频4-13
调试修改

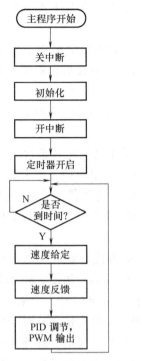

图 4-32　电动机调速控制主程序流程图

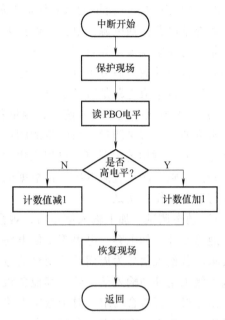

图 4-33　外部中断子程序

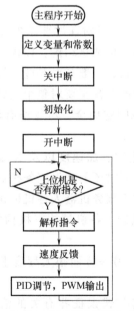

图 4-34　关节电动机调速程序的流程图

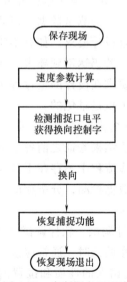

图 4-35　中断服务子程序

（1）硬件调试　对于硬件的调试，不论采用分块调试还是整体调试，通常的调试步骤如下：

1）检查电路。任何组装好的电子电路，在通电调试之前，必须认真检查电路连线是否有错误。对照电路图，按一定的顺序逐级对应检查。特别要注意检查电源是否接错，电源与地是否有短路，二极管方向和电解电容器的极性是否接反，集成电路和晶体管的引脚是否接错，观察元器件焊点是否牢固等。

2）通电观察。一定要调试好所需要的电源电压数值，并确定电路板电源端无短路现象后，才能给电路接通电源。电源一经接通，不要急于用仪器观测波形和数据，而是要先观察电路是否有异常现象，如冒烟、异常气味、放电的声光、元器件发烫等。如果有，应立即关闭电源，待排除故障后方可重新接通电源。然后，再测量每个集成电路的电源引脚电压是否正常，以确认集成电路是否已通电工作。

3）静态调试。先不输入信号，测量各级直流工作电压和电流是否正常。直流电压的测试非常方便，可直接测量。而电流的测量就不太方便，通常采用两种方法来测量。若电路在PCB上留有测试用的中断点，可串入电流表直接测量出电流的数值，然后再连接好。若没有中断点，则可测量直流电压，再根据电阻值大小计算出电流数值。一般对晶体管和集成电路进行静态工作点调试。

4）动态调试。加上输入信号后，观察电路输出信号是否符合要求。也就是调整电路的交流通路元件，如电容、电感等，使电路相关点交流信号的波形、幅度、频率等参数达到设计要求。若输入信号为周期性的变化信号，可用示波器检测输出信号。当采用分块调试时，除输入级采用外加输入信号外，其他各级的输入信号应采用前输出信号。对于模拟电路，观察输出波形是否符合要求。对于数字电路，观察输出信号波形、幅值、脉冲宽度、相位及动态逻辑关系是否符合要求。在数字电路调试中，常常希望让电路状态发生一次性变化，而不是周期性的变化。因此，输入信号应为单阶跃信号（又称开关信号），用以观察电路状态变化的逻辑关系。

5）指标测试。电子电路经静态和动态调试正常之后，便可对课题要求的技术指标进行测量。测试并记录测试数据，对测试数据进行分析，最后做出测试结论，以确定电路的技术指标是否符合设计要求。如有不符，则应仔细检查问题所在，一般是对某些元器件参数加以调整和改变。若仍达不到要求，则应对某部分电路进行修改，甚至要对整个电路重新加以修改。因此，要求在设计的全过程中，要认真、细致，考虑问题周全。尽管所有流程均完成，出现局部返工也是难免的。

6）机械结构运动调试。调试各个关节的驱动力、速度、加速度以及末端执行器的位移，根据分析结果验证之前各个驱动部件选型的正确性，同时还要确保服务机器人各机械执行机构在工作流程中不存在干涉问题。现场调试运行，对于服务机器人各机械执行机构的各项性能进行数据检测，分析相应的问题，最终要使服务机器人各机械执行机构的动作流畅，满足使用要求。

（2）软件调试 软件调试能否成功一方面在于方法，另一方面很大程度上取决于个人的经验。但在调试时，通常应该遵循以下一些原则。

1）确定错误的性质和位置的原则。要主动分析思考与错误征兆有关的信息，调试工具只是一种辅助手段，其可以客观呈现各个数据，但很多问题还是要设计人员主动避免发生。

2）修改错误的原则。在出现错误的地方，很可能还有别的错误。修改错误的一个常见失误是只修改了这个错误的征兆或这个错误的表现，而没有修改错误本身，这就会造成修正一个错误的同时又引入新的错误。软件调试有很多种方法，常用的有4种，即强行排错法、回溯排错法、归纳排错法和演绎排错法。

① 强行排错法。强行排错通常有以下 3 种表现形式：第一种是打印内存变量的值。在执行程序时，通过打印内存变量的数值，将该数值同预期的数值进行比较，判断程序是否执行出错。对于小程序，这种方法很有效。但程序较大时，由于数据量大，逻辑关系复杂，效果较差。第二种是在程序关键分支处设置断点，如弹出提示框。这种方法对于弄清多分支程序的流向很有帮助，可以很快锁定程序出错发生的大概位置范围。第三种是使用编程软件的调试工具。通常编程软件的 IDE 集成开发环境都有调试功能，使用最多的就是单步调试功能。它可以一步一步地跟踪程序的执行流程，以便发现错误所在。

② 回溯排错法。这是在小程序中常用的一种有效的调试方法。一旦发现了错误，可以先分析错误现象，确定最先发现该错误的位置。然后人工沿程序的控制流程追踪源程序代码，直到找到错误根源或确定错误产生的范围。

③ 归纳排错法。归纳法是一种从特殊推断一般的系统化思考方法。归纳法调试的基本思想是，从一些线索（错误的现象）着手，通过分析它们之间的关系来找出错误，为此可能需要列出一系列相关的输入，然后看哪些输入数据的运行结果是正确的，哪些输入数据的运行结果有错误，然后加以分析、归纳，最终得出错误原因。

④ 演绎排错法。演绎法是一种从一般原理或前提出发，经过排除和精化的过程来推导出结论的思考方法。调试时，首先根据错误现象，设想及枚举出所有可能出错的原因作为假设。然后再使用相关数据进行测试，从中逐个排除不可能正确的假设。最后，再用测试数据验证余下的假设是否是出错的原因。

8. 服务机器人能力的评价标准

服务机器人能力的评价标准包括智能、机能和物理能等。

微视频4-14
服务机器人能力的评价标准

（1）智能　智能是最主要的。要对服务机器人的智能进行评价，也就是评价服务机器人的"大脑"是否发达，包括其运动能力、执行时的运算能力、工作时的记忆能力、面对特殊状况的判断能力和学习能力等。

服务机器人之所以叫智能机器人，是因为它有相当发达的"大脑"。在"大脑"中起作用的是中央处理器，这样可以进行按目的安排的动作。评价服务机器人的智能化程度至少要具备以下三个要素：一是感觉要素，用来认识周围环境状态；二是运动要素，对外界做出反应性动作；三是思考要素，根据感觉要素所得到的信息，思考出采用什么样的动作。感觉要素包括能感知视觉、接近、距离等的非接触型传感器和能感知力、压觉、触觉等的接触型传感器。这些要素实质上相当于人的五官感知力，它们的功能可以利用诸如摄像机、图像传感器、超声波传感器、激光器、导电橡胶、压电元件、气动元件、行程开关等机电元器件来实现。对运动要素来说，服务机器人需要有一个无轨道型的移动机构，以适应诸如平地、台阶、墙壁、楼梯、坡道等不同的地理环境。它们的功能可以借助轮子、履带、支脚、吸盘、气垫等移动机构来完成。在运动过程中要对移动机构进行实时控制，这种控制不仅要有位置控制，而且还要有力度控制、位置与力度混合控制、伸缩率控制等。服务机器人的思考要素是三个要素中的关键，也是人们要赋予机器人必备的要素。思考要素包括判断、逻辑分析、理解等方面的智力活动。这些智力活动实质上是一个信息处理过程，而中央处理器则是完成这个处理过程的主要设备。

（2）机能　要考虑服务机器人的机能，比如变通性、通用性或空间占有性等，具体指服务机器人使用的通用性和应对实际情况的变通性以及在实际应用环境中的空间占用性等。

（3）物理能 人们还要考虑服务机器人的物理特性，在这方面主要考虑的是机器人的寿命、移动的速度和它们能承受多大的力或使出多大的力等。比如，力、速度、连续运行能力、可靠性、联用性和寿命等。因此，可以说服务机器人就是具有生物功能的实际空间运行工具，可以代替人类完成一些危险或难以进行的劳作、任务等。

服务机器人设计开发过程涉及机械结构部分、电气/电子电路部分、软件控制部分、应用调试和开发部分。如果想让所开发的服务机器人性能优良、功能完备、深受用户喜欢，那么就需要多个团队、不同工作的技术人员精诚合作，在项目负责人精细安排及协调下开展开发设计工作。根据服务机器人的功能需求，设计方案，进行元器件选型，按计划、按步骤、充分交流之后，分工明确，职责明晰，团结合作，认真负责地进行各项开发工作，才能完成优良的服务机器人产品开发。任何工作的开展都需要人与人之间的配合与交流，所以在学习过程中要有团队协同、合作共赢的意识。本节对服务机器人设计与开发进行讲解，团队合作进行服务机器人设计与开发实践学习，培养学生团队协同、合作共赢的意识和分享、交流的能力。

习 题 4

一、选择题

1. 最先研发出擦窗机器人的是（　　）。

A. 波妞机器人　　B. 科沃斯机器人　　C. BOBOT 机器人

2. 下列空气净化机器人的特点不包括（　　）。

A. 自动巡航　　　　B. 远程掌控　　　　C. 净化甲醛　　　　D. 净化死角

3. 数据分析机器人的功能不包括（　　）。

A. 用户画像　　　　B. 导流分配　　　　C. 流程引导　　　　D. 排队

4. 专用服务机器人达芬奇机器人是（　　）。

A. 手术机器人　　　　　　　　　B. 康复机器人

C. 健康管理机器人　　　　　　　D. 餐饮服务机器人

5. 轮式移动机器人的优点包括（　　）。

A. 轻松越过壕沟、台阶　　　　　B. 结构简单

C. 对路面要求较低　　　　　　　D. 能量利用率高

6. 自主移动清洁机器人最主要的特征是（　　）

A. 平板遥控　　　B. 自主移动性　　C. 结构简单　　　D. 失控保护

7. 服务机器人由于配备了（　　）才具备了类似人类的知觉功能和反应能力。

A. 机械手臂　　B. 单片机　　　C. 控制电路　　　D. 传感器

二、填空题

1. 个人服务机器人在内的硬件的_____和_____是智能家居系统发展的方向。

2. 个人服务机器人发展趋势是由_____向_____转变。

3. 个人服务类机器人主要包括_____、_____、_____和娱乐教育这四大类。

4. 扫地机器人完成的主要工作有_____、_____和_____。

5. 扫地服务机器人按清洁系统分为_____、_____和_____。

6. 擦窗机器人主要是凭借自身底部的_____，牢牢地吸附在玻璃上的。

7. 数据分析机器人用于智能分析数据，同时大数据算法也赋予机器人_____。

8. 机器视觉系统主要由三部分组成：_____、_____和_____。

9. 图像的获取主要由三部分组成_____、_____和_____。

10. 健康服务机器人是一种_____的服务机器人。

11. 专业服务机器人（Professional Service Robots）领域主要涵盖了医疗、_____、物理地理系统、_____四大类。

12. 康复技术最主要的发展趋势是_____。

13. 服务机器人机械部件包括_____、_____、手臂、_____和行走机构等。

14. 移动机器人对外界环境的感知，是靠_____来探测。

15. 服务机器人的硬件电路设计比较复杂，主要有_____、_____、传感器检测电路、外围电路和_____等。

16. 服务机器人控制系统硬件主要是以_____作为核心。

17. 步进电动机和普通电动机的不同之处在于它是一种可以将_____转化为角位移的_____执行机构，工作中传递转矩的同时还可以控制角位移或速度。

18. 常见服务机器人的驱动方式有_____、_____、电气驱动三种类型。

19. 服务机器人系统包括_____和_____。

20. 服务机器人设计保证安全性的首要原则是_____。

三、简答题

1. 简述服务机器人的特点和功能？

2. 简述服务机器人对传感器的一般要求。

3. 选择服务机器人电动机的四个主要因素。

4. 服务机器人的控制算法有哪些？

5. 简述服务机器人设计开发流程。

第5章　机器人的机械结构与电动机

机器人与其他智能产品的区别主要在于机器人具有一定动作或者运动能力，这些能力是依靠着机器人的机械结构及机器人最常见的动力源电动机来产生。机器人的机械结构可看作是机器人的"骨骼"，是机器人技术中最为基础的部分，其主要包括支撑结构、连接结构、执行机构和传动机构等。机器人机械结构完成预定动作和作业任务还需要电动机提供动力。机器人常用的电动机主要包括直流电动机、步进电动机和伺服电动机，另外某些特殊应用场合的机器人还使用了超声波电动机、真空电动机等新型电动机。

知识目标

1. 掌握机器人电动机的结构组成、工作原理、特点和应用。
2. 熟悉机器人的机械结构组成和工作特点。
3. 了解机器人常用的机械零件的种类及特点。

能力与素质目标

1. 具备设计机器人的机械结构概念模型和对电动机进行选型的能力。
2. 学会机器人电动机的工作原理、实际应用选型和相关计算。
3. 具备追赶高精尖的勇气和精益求精的工匠精神。

5.1　机器人骨骼——机械结构

机械零件与机械结构是机器人技术中最为基础的部分，它们构成了机器人的"骨骼"。

工业机器人的机械结构一般设计为机械手的形式，现在随着工业技术的发展，机械手已经发展成为能够独立地按程序控制实现重复操作，适用范围比较广的有程序控制通用机械手，简称通用机械手。由于通用机械手能快速改变工作程序，适应性较强，所以在多品种、变批量的柔性生产系统中得到广泛的应用。

服务机器人大部分都有行走机构，类似于人类的脚，这是许多服务机器人设计中必不可少的一部分，这些行走机构主要有车轮式、步行式和履带式等。

5.1.1　机器人的机械结构

机器人的形态是通过一系列机械零件组合而成的，构成机器人的机械零件按用途可分为以下几类。

1）传动件。常见的传动件主要有齿轮、带轮、链轮、凸轮等，如

微视频5-1
机器人的
机械结构

图 5-1 所示。齿轮传动是指由齿轮副传递运动和动力的装置，是现代各种设备中应用最广泛的一种机械传动方式。它的传动比较准确、效率高、结构紧凑、工作可靠、寿命长。其中带传动适用于主动轴和从动轴之间距离较大的场合，传动平稳、振动噪声小，但带传动是利用摩擦力来传递动力，容易产生打滑现象，不能精确传递运动。链传动是将链轮安装于传动轴上，通过绕在链轮上的链来传递运动。链传动与带传动在传递运动方面很相似，但链传动不是利用摩擦力传递运动，所以传动效率较高，不过由于其容易产生振动和噪声，所以链传动不适用于高速传动。凸轮机构是一种利用凸轮的特殊轮廓，周期性地传递复杂运动的机构。

图 5-1　常见的传动件

2）连接件。连接件主要包括螺栓、销、平键、铆钉等，如图 5-2 所示。螺栓通常为圆柱形金属杆，一端有方头或六角头，另一端有螺纹，配有螺母和垫圈，可把钢构件或钢木构件紧固在一起。销是一种金属圆柱形连接件，用来连接在接头处能自由转动的两个构件。平键是依靠两个侧面作为工作面，靠键与键槽侧面的挤压来传递转矩。铆钉是指一端有半圆形钉头的圆柱形短杆，将它穿入需要连接的各钢板或型钢钉孔中，并把伸出的一端压成或锤成第二个钉头，从而实现零件的连接。

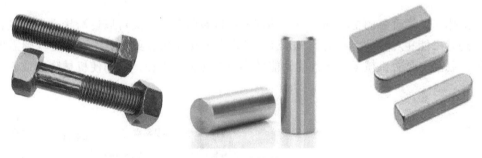

图 5-2　连接件

3）缓冲件。目前机器人上常用的缓冲件主要是弹簧，如图 5-3 所示。弹簧是一种利用弹性来工作的机械零件，使用有弹性的材料制成的零件在外力作用下发生形变，除去外力后又恢复原状。

4）支撑件。支撑件包括机座、轴承等，如图 5-4 所示。机座是指设备的底架或部件，用以方便设备的使用或安装附件。轴承主要功能是支撑机械旋转体，降低其运动过程中的摩擦系数，并保证其回转精度，也是机械设备中一种重要的零部件。

5）联轴器、离合器与制动器。联轴器是指连接两轴或轴与回转件，是在传递运动和动力过程中一同回转，在正常情况下不脱开的一种装置。离合器类似于开关，起到接合或断开

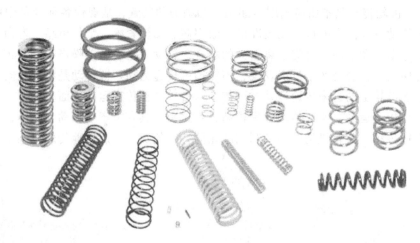

图 5-3　缓冲件（弹簧）

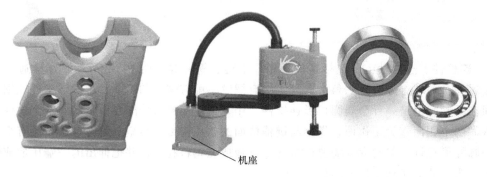

机座

图 5-4　支撑件

动力传递作用，离合器的主动部分与从动部分可以暂时分离，又可以逐渐接合，并且在传动
过程中还有可能相对转动，如图 5-5 所示，当要求被动轴能够实现断续运动时，则需要采用
离合器。制动器是将机械运动部件的动能转换成热能加以消耗，从而使机械降速或者停止的
装置。

a) 联轴器

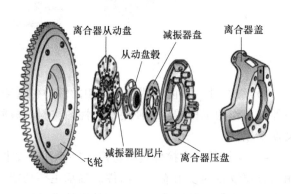

离合器从动盘　减振器盘　离合器盖

从动盘毂

减振器阻尼片　离合器压盘

飞轮

b) 离合器

图 5-5　联轴器和离合器

工业机器人主要面向工业领域应用，而服务机器人是在非结构环境下为人类提供必要的服务，因此工业机器人和服务机器人在机械结构上各有其自身特点。工业机器人是一种模拟人的手臂、手腕和手爪功能的机电一体化装置，能够精确控制所操作物体的位置、位移、速度和加速度，从而完成一系列工业生产作业要求，如图5-6所示。工业机器人的机械结构包括机械臂（执行机构）、驱动装置和传动装置。

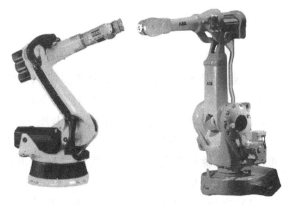

图 5-6　工业机器人的外观结构

1）机械臂（执行机构）。工业机器人的执行机构是由许多机械连杆连接而成的机械臂，它本质上是一个仿人手臂的空间开式链机构，一端固定在基座上，另一端可自由运动。

2）驱动装置。工业机器人驱动装置是用来使其发出动作的动力机构，它可将电能、液压能和气压能等转化为动能。常见的机器人驱动装置主要有以下几种：

① 电气驱动器，包括直流伺服电动机、步进电动机和交流伺服电动机等；

② 液压驱动器，包括电液步进马达、液压缸；

③ 气动驱动器，包括气缸和气马达；

④ 特种驱动器，包括压电体、超声波电动机、橡胶驱动器和形状记忆合金等。

3）传动装置。传动装置的主要作用是传递驱动装置提供的动力和运动，从而带动机器人执行机构产生相应的运动。

服务机器人的机械结构形式由工作任务和作业环境决定。按照其本体结构的运动能力，服务机器人分为静止式和移动式两类，如图5-7所示。静止式服务机器人的机械结构与工业机器人类似，采用多关节臂结构，通常工作于结构化环境，服务机器人与环境之间的互动较少，工作任务比较单一，比如为汽车加油、医疗保健、残障人士护理等。移动式服务机器人是目前大多数服务机器人所采用的本体结构形式，其移动机构包括轮式、履带式、滚筒式、爬式、脚式行走等。

a)静止式

b)移动式

图 5-7　服务机器人外观结构

5.1.2 机器人的执行机构

1. 工业机器人的执行机构

工业机器人的执行机构是由许多机械连杆连接而成的机械臂，主要由手爪、手腕、手臂、基座四部分组成，如图5-8所示。它本质上是一个仿人手臂的空间开式链机构，一端固定在基座上，另一端可自由运动。

（1）手爪　手爪又称作末端执行器，是为了实现生产作业给机器人配置的操作机构，即与物件接触的部件。由于与物件接触的形式不同，可分为夹持式手爪和吸附式手爪。

1）夹持式手爪由手指和传动机构所构成。手指是与物件直接接触的构件，常用的手指运动形式有回转型和平移型，如图5-9所示。回转型手指结构简单，制造容易，故应用较广泛。平移型手指应用较少，原因是其结构比较复杂。但平移型手指夹持圆形零件时，工件直径变化不影响其轴心的位置，因此适宜夹持直径变化范围大的工件。手指结构取决于被抓取物件的表面形状、被抓部位和物件的重量及尺寸。常用的手指形状有平面、V形面和曲面，手指有外夹式和内撑式，指数有双指式、多指式和双手双指式等。传动机构是向手指传递运动和动力。传动机构型式比较常用的有滑槽杠杆式、连杆杠杆式、斜面杠杆式、齿轮齿条式、丝杠螺母弹簧式和重力式等。

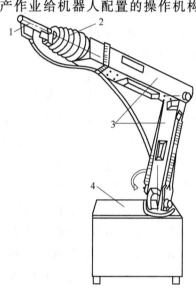

图 5-8　工业机器人执行机构
1—手爪　2—手腕　3—手臂　4—基座

图 5-9　夹持式手爪

2）吸附式手爪按动力源不同可分为磁吸式和气吸式手爪。磁吸式手爪是利用永久磁铁或电磁铁通电后产生的磁力来吸附工件的，如图5-10所示。磁吸式手爪不会破坏被吸附工件的表面质量，有较大的单位面积吸力，对工件表面粗糙度及通孔、沟槽等无特殊要求，因此应用较广。气吸式手爪是工业机器人常用的一种吸持工件的装置，它由吸盘（一个或几个）、取料环、垫片、支撑杆等组成，如图5-11所示，是利用吸盘内的压力与大气压之间的压力差而工作的，对工件表面没有损伤，且对被吸持工件预定的位置精度要求不高，具有结构简单、重量轻、使用方便、可靠性高等优点。按形成压力差的方法，气吸式手爪可分为真空气吸、气流负压气吸、挤压排气负压气吸。气吸式手爪广泛应用于非金属材料（如板材、纸张、玻璃等物体）或不可有剩磁的材料的吸附。但气吸式手爪要求工件上与吸盘接触部位光滑平整、清洁，被吸工件材质致密，没有透气空隙。

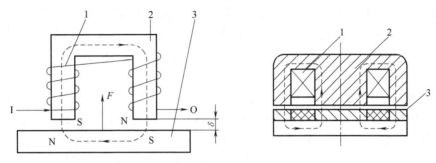

图 5-10　磁吸式手爪原理

1—线圈　2—铁心　3—衔铁

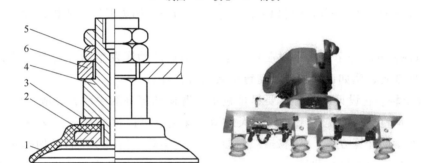

图 5-11　气吸式手爪

1—吸盘　2—取料环　3—垫片　4—支撑杆　5—螺母　6—基板

（2）手腕　手腕是连接手爪和手臂的机构，作用是改变手爪的空间方向，将作业载荷传递到手臂，因此它具有独立的自由度，以满足机器人手部完成复杂的姿态。手腕结构的设计要满足传动灵活、结构紧凑轻巧、避免干涉的要求，多数机器人的设计将手腕结构的驱动部分安排在小臂上。为了确定手部的作业方向，手腕一般会产生以下三种运动形式：

① 臂转：绕小臂轴线方向的旋转。

② 手转：使末端执行器（手爪）绕自身的轴线方向旋转。

③ 腕摆：使末端执行器相对于手臂进行摆动。

手腕结构多为上述三个回转方式的组合，组合的方式可以有多种形式，如图 5-12 所示。

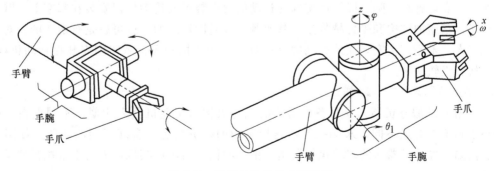

图 5-12　手腕结构的组合配置图

（3）手臂　手臂是机器人的主要执行部件，是连接基座和手腕的部分，其主要作用是改变手腕和末端执行器的空间位置，满足机器人的作业空间，并将各种载荷传递到基座。机器人的手臂主要包括臂杆以及与其伸缩、屈伸或自转等运动有关的构件，如传动机构、驱动装置、导向定位装置、支撑连接和位置检测元器件等。此外，还有与手腕或手臂的运动和连接支撑等有关的构件、配管配线等。工业机器人的手臂通常由驱动手臂运动的部件与驱动源相配合，以实现手臂的各种运动。

手臂的结构、工作范围、灵活性、抓重大小（即臂力）和定位精度都直接影响工业机器人的工作性质，所以手臂的结构形式必须根据机器人的运动形式、抓取重量、动作自由度、运动精度等因素来确定。手臂应具有以下特点：

① 刚度要求高。为了防止手臂在运动过程中产生过大的变形，必须在设计过程中，设法提高手臂的刚度，合理选择手臂的断面形状。比如选择工字钢、槽钢做支撑杆，选择空心钢管做臂杆和导向杆等，同时还可以采用多重闭合的平行四边形连杆机构代替单一刚性构件的臂杆。

② 导向性要好。为了防止手臂在直线运动中沿运动轴线发生相对转动，需要在手臂机构上设计导向装置，比如设计方形、花键形式的臂杆等。

③ 重量要轻。在设计手臂时，要尽量减小手臂运动部分的中联，以减小整个手臂对回转轴线的转动惯量，从而提高工业机器人的运动速度。可以根据材料力学中构件的转动惯量、强度、刚度的计算方法，从特殊实用材料和几何学等方面减小手臂结构的质量，从而减少与手臂相关的重力和惯性载荷。对于要求高加速度的喷涂机器人，可以采用碳和玻璃纤维合成物为材料，使手臂轻量化。

④ 运动要平稳、定位精度要高。由于手臂运动速度较高，惯性力引起的定位前的冲击也相对较大，影响运动的平稳性和定位精度。因此除了从结构设计上减小重量和惯性外，还要采取一定形式的缓冲措施，比如采用弹簧与气缸作为手臂的缓冲装置。

工业机器人的手臂从结构上可分为单臂式、双臂式、悬挂式手臂。如果按运动方式分类，可分为移动式、旋转式以及直线运动和旋转运动组合的复合式手臂。

（4）基座　基座是工业机器人的基础部分，起支承作用，要有一定的刚度和稳定性。基座是直接连接、支承和传动手臂的部件。它是由臂部运动（升降、平移、回转和俯仰）机构及有关的导向装置、支撑件等组成。由于工业机器人的运动形式、使用条件、负载能力各不相同，所采用的驱动装置、传动机构、导向装置也不同，致使基座结构有很大差异。一般情况下，实现臂部升降、回转或俯仰等运动的驱动装置或传动件都安装在基座上，臂部的运动越多，基座的结构和受力越复杂。基座既可以是固定式的，也可以是行走式的，对于固定式机器人，基座直接安装在地面基础上；对于移动式机器人，基座则安装在移动机构上，分为有轨和无轨两种。

2. 服务机器人的执行机构

（1）静止式服务机器人　服务机器人的执行机构与工业机器人相似，不同点在于根据工作环境和工作对象不同，末端执行器连接不同的机械装置，实现不同的功能，如图 5-13 所示。例如，加油机器人的末端执行器是一把加油枪，厨房炒菜机器人的末端执行器是勺子和铲子等。

图 5-13　静止式服务机器人

（2）移动式服务机器人　移动式服务机器人的执行机构包括操作机构和行走机构。其操作机构与工业机器人的类似，由手爪、手腕和手臂几个部分组成。行走机构是移动式服务机器人的重要执行部件，它由驱动装置、传动机构、位置检测元器件、传感器、电缆及管路等组成。它一方面对服务机器人的机身、臂部和手部起支撑作用，另一方面还带动服务机器人在广阔的空间内运动，满足不同的工作任务要求。移动式服务机器人的行走机构常见的主要有轮式、履带式和足式。

1）轮式行走机构是服务机器人中应用最多的一种行走机构，在相对平坦的地面上，常使用车轮移动方式行走，原因是其具有结构简单、动作灵活、定位准确等优点。常见的轮式行走机构有两轮式、三轮式、四轮式、多轮式等，如图 5-14 所示。但它不适合在不平坦的路面行走，特别是有楼梯时就更困难，在这种情况下可以选用履带式行走机构。

图 5-14　具备轮式行走机构的服务机器人

2）履带式行走机构中履带的布置方式有双履带和多履带，与地接触面积大，稳定性较好，能够越坑、爬楼梯等，如图 5-15 所示。目前有部分服务机器人采用这种方式，如月球

图 5-15　具备履带式行走机构的服务机器人

车、部分军用机器人等，但履带式行走机构的效率较低，功耗较大，虽然可在高低不平的地面上运动，但它的适应性不强，行走的时候机身晃动太大，且在软地面上行驶运动效率低。

3）不适合传统的轮式或履带式行走机构行走的地方，多足动物却能行动自如，所以足式与轮式和履带式行走机构相比具有独特的优势。足式行走机构对崎岖路面，具有很好的适应能力，足式运动方式的立足点是离散的点，可以在可能到达的地面上选择最优的支撑点，足式行走机构还具有主动隔振能力，尽管地面高低不平，机身的运动仍然可以保持平稳，足式行走机构在不平地面和松软地面上的运动速度较高，能耗较少。但足式行走机器人目前普遍存在动作缓慢，转身不灵活等缺点，如双足机器人行走时的平衡问题尚未彻底解决，且其行走缓慢，动作不灵活。现在足式行走机器人主要有两足式、三足式、四足式、多足式等，如图 5-16 所示。

图 5-16　足式行走机器人

此外，还有具备步进式行走机构、蠕动式行走机构、混合式行走机构和蛇行式行走机构等特殊行走机构的服务机器人，如图 5-17 所示。

图 5-17　具备特殊行走机构的服务机器人

5.1.3　机器人的传动机构

机器人传动机构传递驱动装置提供的动力和运动，带动执行机构产生运动，以保证末端执行器具有精确的运动位置、姿态和运动速度。工业机器人的传动装置与一般机械的传动装置选用和计算大致相同，它以一种高效能的方式，通过关节将驱动器和连杆结合起来，传动比决定了驱动器到连杆的转矩、速度和惯性之间的关系。

微视频5-3
机器人的
传动机构

工业机器人的传动机构除了齿轮传动（包括圆柱直齿轮和斜齿轮、圆锥齿轮、齿轮齿条、行星齿轮传动）、蜗轮蜗杆传动、丝杠传动和 RV 减速器外，还包括柔性元件传动（如谐波齿轮传动、链传动、同步齿形带传动等）。

1）RV 减速器。RV 减速器是 20 世纪 80 年代日本研制用于工业机器人关节的传动装置，它是在传统针摆行星传动的基础上发展出来的。与传统工业领域里的通用减速器相比，工业机器人关节减速器要求具有传动链短、体积小、功率大、质量轻和易于控制等特点。

RV 减速器主要由输入齿轮、正齿轮、曲轴、主轴承、RV 齿轮、针齿、中间法兰与输出轴法兰等零件组成，其结构如图 5-18 所示。

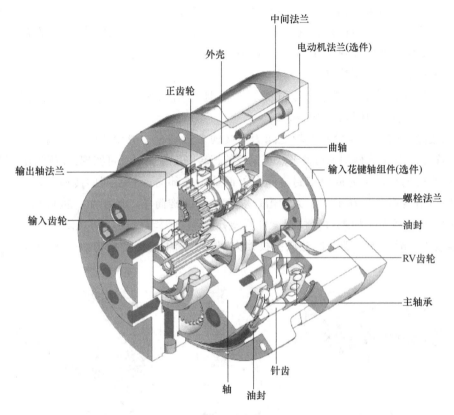

图 5-18　RV 减速器结构

RV 减速器克服了一般针摆传动的缺点，具有体积小、重量轻、传动比范围大、回转精度稳定、有较高的疲劳强度和刚度、效率高、传动平稳、使用寿命长等一系列优点，因此许多高精度机器人的传动装置多采用 RV 减速器，并且主要将其应用在基座、手臂等承受重负载的位置。

2）谐波减速器。谐波减速器采用谐波齿轮行星传动，它是一种少齿差行星传动。主要由一个有内齿的刚轮、能径向弹性变形的外齿柔轮、一个装在柔轮内部的波发生器三部分组成，如图 5-19 所示。

谐波减速器的刚轮是刚性的、不可形变的内齿型齿轮。柔轮是薄壳形元件，具有弹性的外齿型齿轮。随着内部凸轮（波发生器）转动，薄壁轴承的外环在弹性范围内做椭圆形变形运动。波发生器通常为椭

图 5-19　谐波减速器结构

圆形凸轮，当其旋转起来后，会对周围的薄壁轴承（柔轮）造成周期性的波状挤压力。

当波发生器装入柔轮后，迫使柔轮的剖面从原始的圆形变为椭圆形，其长轴两端附近的齿与刚轮的齿完全啮合，其余不同区段内的齿，有的处于啮入状态，有的处于啮出状态。一般情况下，波发生器为主动件，柔轮为从动件，刚轮固定不动。当波发生器连续转动时，柔轮的变形部位也随之转动，使柔轮的齿依次进入啮合，然后再依次退出啮合，从而实现啮合传动。柔轮和刚轮的齿距相同，但齿数比刚轮少 2 个，所以柔轮在啮合的过程中，就必须相对刚轮转过两个齿距的角位移，这个角位移正是谐波减速器输出轴的转动，从而实现了减速的目的。谐波减速器主要安装在小臂、腕部或手部等轻负载位置。

谐波减速器具有以下特点：

① 传动比大，外形轮廓小，零件数目少，且传动效率高。谐波减速器的效率可高达92% ~ 96%，单级传动比可达 50 ~ 4000。

② 承载能力较高。柔轮和刚轮之间为面接触多齿啮合，滑动速度小，齿面磨损均匀。

③ 柔轮和刚轮的齿侧间隙可调节。当柔轮的扭转刚度较高时，可实现无侧隙的高精度啮合。

④ 谐波齿轮传动可完成由密封空间向外部或由外部向密封空间的传递运动。

⑤ 传动精度高、运动平稳、无冲击、噪声小、结构简单、体积小、重量轻。

对于服务机器人，如果对定位精度和重复定位精度要求较高，则其传动机构需要使用谐波减速器或 RV 减速器，而大部分服务机器人都广泛采用的传动机构如图 5-20 所示。

图 5-20　服务机器人广泛采用的传动机构

1）齿轮传动，如直齿轮、斜齿轮、锥齿轮、齿轮齿条等。

2）链传动。

3）同步带传动。

4）蜗轮蜗杆传动。

5）棘轮传动。

6）滚珠丝杆传动。

7）曲轴连杆传动。

8）直线运动部件，如直线导轨、直线轴承、气缸、液压缸等。

5.2　机器人电动机

电动机是机器人必不可少的器件之一，正是电动机的应用使得机器人能够完成与人类相似的动作。因此，机器人设计者必须要掌握电动机的相关理论和知识。目前机器人一般主要使用直流电动机（有刷和无刷）、步进电动机及直流伺服电动机（舵机）。这三种电动机的控制相对简单，性能突出，采用直流电源也容易实现。另外某些特殊应用场合的机器人还使用了超声波电动机、真空电动机等新型电动机。

5.2.1　直流电动机

直流电动机有极宽的功率调节范围，调速特性平滑，适应性好，过载能力较强，而且具有很好的性价比，是一种通用的驱动电动机。优质的直流电动机效率可以达到9000，随着技术的不断发展，直流电动机的性能越来越强劲。移动机器人所使用的直流电动机主要是有刷直流电动机和无刷直流电动机，本节主要介绍这两种电动机的原理、参数、基本驱动控制等，并详细介绍有刷直流电动机和无刷直流电动机的几种典型驱动控制方法。

微视频5-4
直流电动机

1. 有刷直流电动机的工作原理

图 5-21 表示的是一台最简单的两极有刷直流电动机物理模型图，其中固定部分有主磁极和电刷，转动部分有环形铁心和绕在环形铁心上的绕组。在它的固定部分（定子），装了一对直流励磁的静止主磁极 N 和 S，在旋转部分（转子）装设电枢铁心，定子与转子之间有一间隙。在电枢铁心上放置了由 A 和 X 两根导体组成的电枢线圈，线圈的首端和末端分别连到两个圆弧形的铜片上，此铜片称为换向片。换向片之间互相绝缘，由换向片构成的整

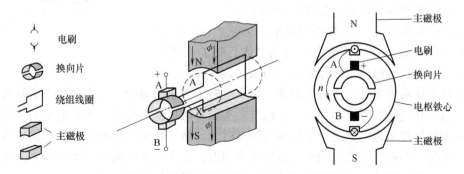

图 5-21　两极有刷直流电动机的物理模型图

体称为换向器。换向器固定在转轴上，换向片与转轴之间也互相绝缘。在换向片上放置着一对固定不动的电刷 A 和 B，当电枢铁心旋转时，电枢线圈通过换向片和电刷与外电路接通。

给直流电动机的两个电刷加上直流电源，如图 5-22 所示，直流电流从电刷 A 流入，经过线圈 abcd 后，从电刷 B 流出，根据电磁力定律，载流导体 ab 和 cd 受到电磁力的作用，其方向可由左手定则判定，两段导体受到的力形成了一个转矩，使得转子逆时针转动。如果转子转到如图 5-22b 所示的位置，电刷 A 和换向片 2 接触，电刷 B 和换向片 1 接触，直流电流从电刷 A 流入，在线圈中的流动方向是 d→c→b→a，最后从电刷 B 流出，这就

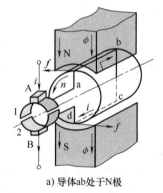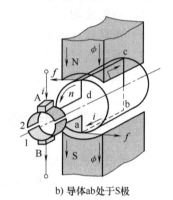

a) 导体ab处于N极   b) 导体ab处于S极

图 5-22　有刷直流电动机工作原理图

是有刷直流电动机的工作原理。外加的电源是直流的，但由于电刷和换向片的作用，尽管在线圈中流过的是交流电流，其产生的转矩的方向却是不变的。实际使用中的有刷直流电动机转子上的绕组不是由一个线圈构成，而是由多个线圈连接而成的，以减少电动机电磁转矩的波动。

2. 无刷直流电动机的工作原理

有刷直流电动机的电枢安装在转子上，而定子产生固定不动的磁场。为了使直流电动机旋转，需要通过换向片和电刷不断改变电枢绕组中电流的方向，使两个磁场的方向始终保持相互垂直，从而产生恒定的转矩驱动电动机不断旋转。

无刷直流电动机为了去掉电刷，将电枢安装到定子上，而转子则制成永磁体，这样的结构正好和普通直流电动机相反。但是这样的改变还不够，因为定子上的电枢通直流电后，只能产生不变的磁场，电动机依然运转不起来。为了使电动机运转起来，必须使定子电枢的各相绕组不断地换相通电，这样才能使定子磁场随着转子位置的变化而不断变化，使定子磁场与转子永磁磁场始终保持左右的空间角，产生转矩推动转子旋转，如图 5-23 所示。

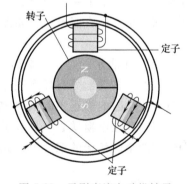

图 5-23　无刷直流电动机转子与定子运动示意图

无刷直流电动机是一种典型的机电一体化产品，由电动机主体和驱动器组成，具体由电动机本体、转子位置传感器和电子换向控制电路三部分组成，如图 5-24 所示。

电动机本体由主定子、主转子组成，其中主转子为永久磁铁，主定子相当于普通直流电动机的电枢，在定子铁心槽中嵌有定子绕组。为获得较平稳的转矩，增大电动机的功率，一般采用多相的绕组结构。当定子绕组通直流电时，与转子作用产生电磁转矩，该转矩随着转子的位置变化。与有刷直流电动机的运转原理相似，定子上的电流必须根据转子位置的变化适时换向，才能获得单一方向的电磁转矩，使电动机能够持续地转动起来。

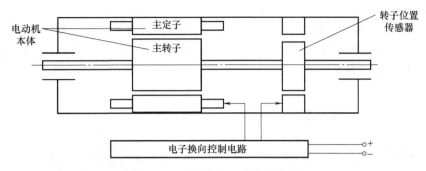

图 5-24　无刷直流电动机结构图

3. 空心杯直流电动机

空心杯直流电动机属于直流永磁电动机，与普通有刷、无刷直流电动机的主要区别是其采用了无铁心转子，也叫空心杯型转子。该转子是直接采用导线绕制成的，没有任何其他的结构支撑这些绕线，绕线形成杯状，构成了转子的结构。空心杯直流电动机的结构示意图如图 5-25 所示。

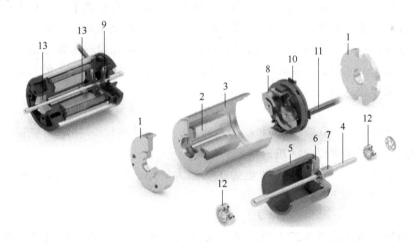

图 5-25　空心杯直流电动机结构示意图

1—法兰　2—永磁体定子　3—外壳（磁回路）　4—转子轴　5—绕组　6—换向器板　7—换向器　8—石墨电刷
9—稀有金属电刷　10—端盖　11—电气连接　12—滚珠轴承　13—烧结滑动轴承

空心杯电动机具有以下优势：

1）由于没有铁心，极大地降低了铁损（电涡流效应造成的铁心内感应电流和发热产生的损耗）。可获得最大的能量转换效率（衡量其节能特性的指标），其效率一般在 70% 以上，部分产品可达到 90% 以上（普通铁心电动机的能量转换效率在 15%~50%）。

2）激活、制动迅速，响应极快。机械时间常数小于 28ms，部分产品可以达到 10ms 以内，在推荐运行区域内的高速运转状态下转速调节灵敏。

3）可靠的运行稳定性。自适应能力强，自身转速波动能控制在 2% 以内。

4）电磁干扰少。采用高品质的电刷、换向器结构，换向火花小，可以免去附加的抗干扰装置。

5）能量密度大。与同等功率的铁心电动机相比，其重量、体积减轻 1/3~1/2；转速一电压、转速—转矩、转矩—电流等对应参数都呈现标准的线性关系。

空心杯技术是一种转子的工艺和绕线技术，因此可以用于直流有刷电动机和无刷电动机。图 5-26 是一个典型的有刷空心杯电动机的剖面示意图（瑞士 MAXON Motor 的典型空心杯电动机），以及空心杯转子绕组的剖面示意图。

图 5-26　有刷空心杯电动机及空心杯转子绕组的剖面示意图

4. 直流电动机的选择

直流电动机的选用取决于其转速与功率，转速根据需要直接选取。下面介绍直流电动机最大功率的计算方法。转矩定义为在距离轴心一定半径距离上电动机所输出的切向力，可以把它想象成电动机带着一个特定直径的滑轮旋转，吊起悬挂在滑轮边缘上的一个重物。如果能够通过直径为 1m 的滑轮吊起质量为 1kg 的重物，那它就输出了 1Nm 的转矩。

电动机的功率公式如下（以 W 为单位）：

$$P = T \cdot \omega \tag{5-1}$$

式中，T 为转矩，单位是 N·m；ω 为角速度，单位是 rad/s。在电动机正常工作的情况下，可以用这个公式来求得电动机的功率。

直流电动机的最大功率对应于转矩为 1/2 最大转矩、转速为 1/2 最大转速（即空载速度）的情况，其公式如下：

$$P_{max} = T_{max}/4 \cdot \omega_{max} \tag{5-2}$$

电动机的特性曲线如图 5-27 所示。图中的曲线说明电动机处于最大转速的时候，对应的转矩最小；而电动机处于最大转矩的时候，对应的转速为零。随着转速增大，电动机的输出转矩减小，可以注意到在到达功率—转速曲线上的某个点后电动机功率上升的趋势停止并呈现下降趋势，该点所对应的值即为最大功率 P_{max}。

在选择机器人驱动电动机时，应尽量设法使电动机运转在最佳效率状态，而非最大功率状态，这样做的优点是可以获得更长的运行时

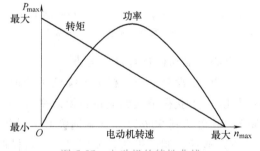

图 5-27　电动机的特性曲线

间。对绝大多数的直流电动机而言，此时的转矩值相当于启动转矩的 1/10，比最大功率对应的转矩要小。为了从直流电动机获取所需的功率，首先应当确定机器人运动所需要的功率值，并取电动机的 P_{max} 略大于该功率值。结果在预定转速和理想输出功率下运转时，所选择的电动机能将电流降至最小。通过参数估算，可以使电动机在最佳效率附近运行。很明

显，估算最大功率的前提是事先已知道电动机的空载转速和最大转矩。

5. 直流电动机的基本控制

（1）直流电动机驱动

1）H桥电路原理。"H桥"是一个典型的直流电动机控制电路，因其电路形状酷似字母H，故称"H桥"。H桥电路原理如图5-28所示，从图中可以看出，作为负载的直流电动机像"桥"一样连接在电路中，所以也可称为"H桥驱动"，4个开关所在的位置称为"桥臂"。

从图中可以看出，当开关A、D接通，电动机正向转动，当开关B、C接通时，直流电动机反向转动，实现了电动机的正反转控制。在实际应用中还可以得到其他两种状态：刹车，即将A、C或B、D接通，则电动机惯性转动产生的电动势将被短路，形成阻碍运动的感应电流，实现刹车作用；惰行，4个开关全部断开，则电动机惯性所产生的电动势将无法形成电路，也就不会产生阻碍运动的感应电流。在实际应用中，电动机将惯性转动较长时间。

2）最简单的H桥电路。图5-29所示为H桥式驱动电路，4个晶体管组成"H"的4条垂直线，而电动机就是"H"中的横线（需要注意的是图5-29及图5-30、图5-31都只是示意图，而不是完整的电路图，其中晶体管的驱动电路没有画出来）。

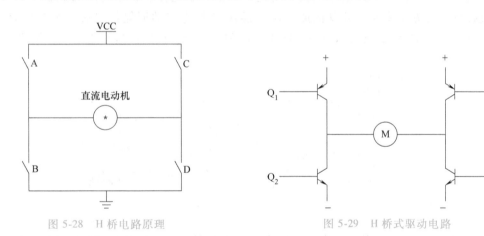

图5-28　H桥电路原理　　　　　　　　　　图5-29　H桥式驱动电路

H桥电路也是全桥电路，常用于逆变器（D/A转换），通过开关的开合，将直流电（来自电池等）逆变为某个频率或可变频率的交流电，用于驱动交流电动机（异步电动机等）。下面主要介绍H桥电动机驱动的工作原理，从逆时针和顺时针两个方面来进行全面的分析。

H桥式驱动电路包括4个晶体管和一个电动机。要使电动机运转，必须导通位于对角线上的一对晶体管。根据不同晶体管对的导通情况，电流可能会从左至右或从右至左流过电动机，从而控制电动机的转向。

如图5-30所示，当晶体管 Q_1 和 Q_4 导通时，电流就从电源正极由左至右经 Q_1 流过电动机，然后再经 Q_4 到电源负极。按图中电流通过箭头方向所示，该流向的电流将驱动电动机顺时针转动。

图5-31所示为另一对晶体管 Q_2 和 Q_3 导通时的情况，电流将从右至左流过电动机。当晶体管 Q_2 和 Q_3 导通时，电流将从右至左流过电动机，驱动电动机逆时针转动。

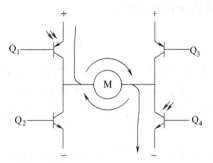

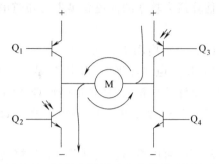

图 5-30　H 桥电路驱动电动机顺时针转动　　　　　图 5-31　H 桥电路驱动电动机逆时针转动

3）具有使能控制和方向逻辑的 H 桥电路。驱动电动机时，要保证 H 桥电路中两个同侧的晶体管不会同时导通。如果晶体管 Q_1 和 Q_2 同时导通，那么电流就会穿过两个晶体管直接从正极回到负极。此时，电路中除了晶体管外没有其他负载，因此电路上的电流就可能达到最大值（该电流仅受电源性能限制），这样可能会烧坏晶体管。

基于上述原因，在实际驱动电路中通常要用硬件电路控制晶体管的导通。图 5-32 所示就是基于这种考虑的改进电路，它在基本 H 桥电路的基础上增加了 4 个与门和 2 个非门。4个与门同一个"使能"导通信号相接，用这一个信号就能控制整个电路的通断。而 2 个非门通过提供一种方向输入，可以保证任何时候在 H 桥电路的同侧都只有一个晶体管导通。与图 5-29 一样，图 5-32 仅为示意图，图中与门和晶体管直接连接是不能正常工作的。

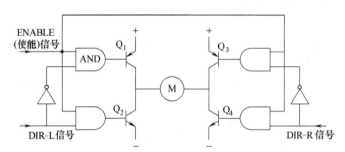

图 5-32　具有使能控制和方向逻辑的 H 桥电路

采用以上方法，电动机的运转就只需要用三个信号控制，即两个方向信号和一个使能信号。如果 DIR-L 信号为 0，DIR-R 信号为 1，并且使能信号是 1，那么晶体管 Q_1 和 Q_4 导通后，电流从左至右流经电动机，如图 5-33 所示；如果 DIR-L 信号变为 1，而 DIR-R 信号变为 0，那么 Q_2 和 Q_3 将导通，电流则反向流经电动机。

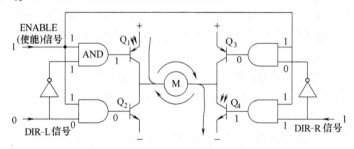

图 5-33　使能信号与 DIR-L 和 DIR-R 信号的使用

4）集成芯片 L298N 及驱动模块。H 桥电路虽然有着许多的优点，但是在电路的实际制作过程中，由于所需元器件较多，电路搭建较为复杂，增加了硬件设计的复杂度。所以绝大多数的电路制作通常直接选用专用的驱动芯片。目前专用的驱动芯片型号很多，如 L298N、BST7970、MC33886 等。选择驱动芯片应从价格、驱动电流及压降等方面综合考虑。

L298N 是 ST 公司生产的一款高电压、大电流的电动机驱动芯片。该芯片采用 15 个引脚封装，主要特点是工作电压高，最高工作电压可达 46V，输出电流大，瞬间峰值可达 3A，持续工作电流为 2A，额定功率为 25W。这款驱动芯片是内含两个 H 桥电路的高电压大电流全桥式驱动器，可以用来驱动直流电动机和步进电动机、继电器线圈等感性负载；采用标准逻辑电平信号控制；具有两个控制端，在不受输入信号影响的情况下，允许或禁止器件工作有一个逻辑电源输入端，使内部逻辑电路部分在低电压下工作；可以外接检测电阻，将变化量反馈给控制电路。使用 L298N 芯片驱动电动机，可以用来驱动两台直流电动机，也可以驱动一台两相步进电动机和四相步进电动机。L298N 芯片的 15 个引脚如图 5-34 所示，L298N 芯片控制逻辑见表 5-1。

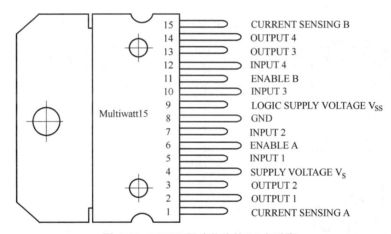

图 5-34　L298N 驱动芯片的 15 个引脚

表 5-1　L298N 驱动芯片控制逻辑表

ENABLE A	INPUT 1	INPUT 2	电动机 1 运转状态	ENABLE B	INPUT 3	INPUT 4	电动机 2 运转状态
0	×	×	停止	0	×	×	停止
1	1	0	正转	1	1	0	正转
1	0	1	反转	1	0	1	反转
1	1	1	刹停	1	1	1	刹停
1	0	0	停止	1	0	0	停止

注："×"为不显示

从图 5-34 的引脚序号中可以看出，1 和 15 是电动机电流（或桥驱动电流）检测引脚；2 和 3 是 A 桥信号输出引脚，可接一个直流电动机；4 是负载驱动供电引脚，这个引脚和地之间必须要接一个 100nF 的无感电容；5 和 7 是 A 桥信号输入引脚，兼容 TTL 电平；6 和 11 是使能输入引脚，兼容 TTL 电平，低电平禁能，高电平使能；8 是接地引脚；9 是接逻辑供电的引脚，该引脚和地之间必须连接一个 100nF 的电容；10 和 12 是 B 桥信号输入，同样兼容 TTL 逻辑电平；13 和 14 是 B 桥信号输出，可接一个直流电动机。

特别需要关注 1 引脚和 15 引脚：当需要对电动机电流进行检测时，分别在两个引脚上串联一个小电阻值的电阻，当 A、B 两个桥的电流（电动机电流）流过两个电阻时转换成电压，这个电压被送到控制 L298N 芯片工作的上位机（或控制电路），上位机就根据这个电压的高低判断 L298N 芯片是否工作正常。

如果这个电压超过电路设计上限时，上位机就会判断 L298N 芯片有故障，可采取如下保护措施：

① 停止步进脉冲输出，关闭电动机电流输入；

② 给使能输入引脚一个低电平，关闭 L298N 芯片；

③ 如果检测引脚不用，直接将 1 和 15 两引脚接地。

由 L298N 芯片及其他元器件组成的驱动模块驱动电路图如图 5-35 所示。

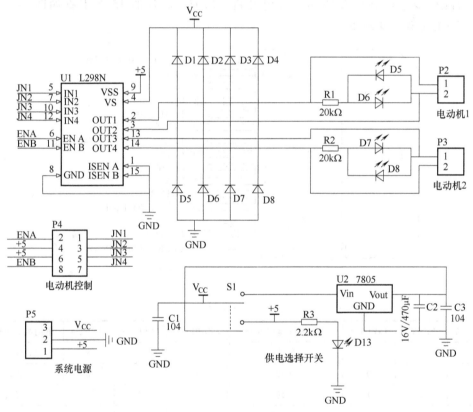

图 5-35　驱动电路图

对于以上电路图有以下几点说明：

① 电路图中有两路输入电流，一路为 L298N 芯片工作时需要的 5V 电源电压 V_{CC}，一路为驱动电动机用的电源电压 V_{SS}；

② 有些电路在引脚 1 和 15 中间串接大功率的电阻，也可以不串接；

③ 8 个续流二极管是为了消除电动机转动时的尖峰电压，目的是保护电动机，简化电路中可以不加；

④ 引脚 6 和 11 为两路电动机通道的使能输入引脚，高电平使能可以直接接高电平，也

可以交由单片机控制；

⑤ 由于工作时 L298N 芯片的功率较大，可以适当加装散热片。

L298N 芯片的外形图如图 5-36 所示。

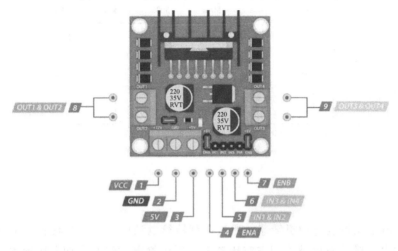

图 5-36 L298N 芯片模块图

（2）PWM 控制电动机转速

1）PWM 概念。脉冲宽度调制（PWM），是英文"Pulse Width Modulation"的缩写，简称脉宽调制，是利用微处理器的数字输出对模拟电路进行控制的一种非常有效的技术，广泛应用在从测量、通信到功率控制与变换的许多领域中。

PWM 频率是指 1s 内信号从高电平到低电平再回到高电平的次数（一个周期），也就是说 1s PWM 有多少个周期，单位为 Hz。周期=1/频率。PWM 周期如图 5-37 所示。

占空比：是一个脉冲周期内，高电平的时间与整个周期时间的比例，一般用百分比表示。

2）PWM 原理。单片机的 IO 端口输出的是数字信号，IO 端口只能输出高电平和低电平。假设高电平为 5V，低电平则为 0V，那么要输出不同的模拟电压，就会用到 PWM，通过改变

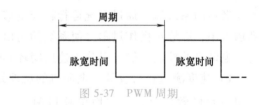

图 5-37 PWM 周期

IO 端口输出的方波占空比从而获得使用数字信号模拟成的模拟电压信号。

电压是以一种连接 1 或断开 0 的重复脉冲序列被加到模拟负载上去的（例如 LED 灯、直流电动机等），连接即是直流供电输出，断开即是直流供电断开。通过对连接和断开时间的控制，理论上来讲，可以输出任意不大于最大电压值（即数值在 0~5V）的模拟电压。比如占空比为 50%，一个周期内高电平与低电平各为一半，在一定的频率下，就可以得到模拟输出电压 2.5V。同理，75% 的占空比，得到的电压就是 3.75V，PWM 等效示意图如图 5-38 所示。

PWM 的调节作用来源于对"占周期"的宽度控制，"占周期"变宽，输出的能量就会提高，通过阻容变换电路所得到的平均电压值也会上升。"占周期"变窄，输出的电压信号电压平均值就会降低，通过阻容变换电路所得到的平均电压值也会下降。也就是，在一定的频率下，通过不同的占空比即可得到不同的输出模拟电压。PWM 就是通过这种原理实现

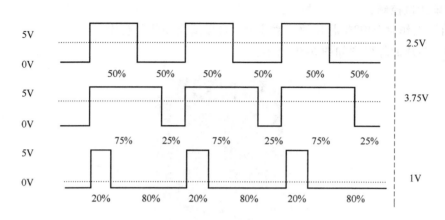

图 5-38 PWM 等效示意图

D/A 转换的。

3）PWM 占空比控制电动机转速。通过调制器给电动机提供一个具有一定频率的脉冲宽度可调的脉冲电，脉冲宽度越大即占空比越大，提供给电动机的平均电压越大，电动机转速就高。反之脉冲宽度越小，则占空比越小，提供给电动机的平均电压越小，电动机转速就低。

（3）直流电动机的控制闭环控制 开环控制是指无反馈信息的系统控制方式。当操作者启动系统，使之进入运行状态后，系统将操作者的指令一次性输向受控对象。此后，操作者对受控对象的变化便不能做进一步的控制。

闭环控制是指控制论的一个基本概念，指作为被控的输出量以一定方式返回到作为控制的输入端，并对输入端施加控制影响的一种控制关系，是带有反馈信息的系统控制方式。当操作者启动系统后，通过系统运行将控制信息输向受控对象，并将受控对象的状态信息反馈到输入中，以修正操作过程，使系统的输出符合预期要求。

电动机的控制一般可以分为速度闭环和位置闭环，如图 5-39 所示。

1）速度测量接口设计。电动机的反馈元件一般使用高分辨率的增量编码器，如果直接使用单片机做接口，会占用单片机两个以上的定时器，而且大部分单片机的定时器接口都不适合做增量码盘接口。为此，使用复杂可编程逻辑器件（CPLD）构成辅助微处理单元，它主要负责码盘的接口和一些高速数字信号的逻辑变换。图 5-40 所示是 CPLD 内部的码盘接口电路部分的原理图，速度部分使用等精度测频法测量，以保证在整个速度范围内的测量都有相同的精度。同时在这个模块中还有一个码盘脉冲累加计数器，用来提供从

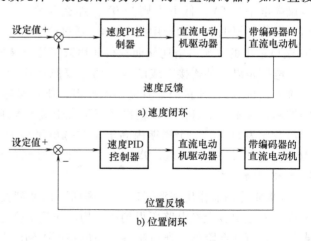

图 5-39 速度闭环和位置闭环示意图

上一次清零到再次读取这段时间内电动机走过的绝对路程。为了节约单片机的 I/O 端口，所有计数器数值都是通过将并口转换成 SPI 接口后读取的。

速度的测量是在单片机的协调下完成的，速度测量结束后 CPLD 会向单片机发送中断，数据的读取和数据处理都在中断中完成，其流程图如图 5-41 所示。

2）闭环控制的控制流程。在图 5-41 速度测量中断处理程序流程图中，单片机负责数据处理和整个系统的协调，其主程序框图如图 5-42 所示。

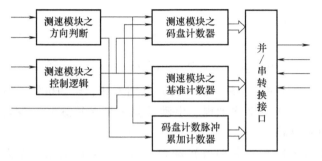

图 5-40　CPLD 内部的码盘接口电路部分原理图

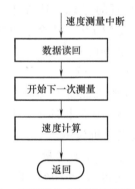

图 5-41　速度测量中断处理程序流程图

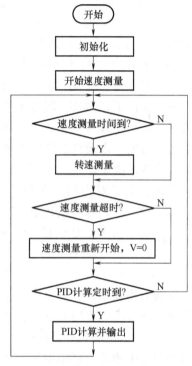

图 5-42　单片机的主程序框图

5.2.2　步进电动机

步进电动机是将电脉冲信号转变为角位移或线位移的开环控制器件。在非超载的情况下，电动机的转速、停止的位置只取决于脉冲信号的频率和脉冲数，而不受负载变化的影响，即给电动机加一个脉冲信号，电动机则转过一个步距角。因为这一线性关系的存在，加上步进电动机只有周期性的误差而无累积误差等特点，使得机器人在大赛中的控制变得非常简单。

微视频5-5
步进电动机

1. 步进电动机的工作原理

（1）反应式步进电动机原理　反应式步进电动机工作原理比较简单，下面先介绍三相反应式步进电动机原理。

1）结构。电动机转子上均匀分布着很多小齿，定子齿有三个励磁绕组，其几何轴线依次分别与转子齿轴线错开 0、$\tau/3$ 及 $2\tau/3$（相邻两转子齿轴线间的距离为齿距，以 τ 表示），即 A 与齿 1 相对齐，B 与齿 2 向右错开 $\tau/3$，A′与齿 5 相对齐（A 就是 A′，齿 5 就是齿 1），定子/转子的展开图如图 5-43 所示。

2）旋转。如 A 相通电，B、C 相不通电时，由于磁场作用，齿 1 与 A 对齐（转子不受任何力，以下均同）。如 B 相通电，A、C 相不通电时，齿 2 应与 B 对齐，此时转子向右移过 $\tau/3$，此时齿 3 与 C 偏移为 $\tau/3$，齿 4 与 A 偏移 $2\tau/3$（$\tau - \tau/3$）。如 C 相通电，A、B 相不通电，齿 3 应与 C 对齐，此时转子又向右移过 $\tau/3$，此时齿 4 与 A 偏移为 $\tau/3$。

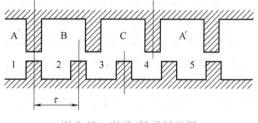

图 5-43　定子/转子展开图

如 A 相通电，B、C 相不通电，齿 4 与 A 对齐转子又向右移过 $\tau/3$。

这样经过 A、B、C、A 分别通电状态，齿 4（即齿 1 前一齿）移到 A 相，电动机转子向右转过一个齿距，如果不断地按 A、B、C、A 等顺序通电，电动机就每步（每脉冲）$\tau/3$，如按 A、C、B、A 等顺序通电，电动机就反转。

由此可见，电动机的位置和速度由导电次数（脉冲数）和频率呈一一对应关系，而方向由导电顺序决定。

不过，出于对力矩、平稳、噪声及减少角度等方面的考虑，往往采用 A—AB—B—BC—C—CA—A 这种导电状态，这样将原来每步 $\tau/3$ 改变为 $\tau/6$，甚至于通过二相电流不同的组合，使其 $\tau/3$ 变为 $\tau/12$、$\tau/24$，这就是电动机细分驱动的基本理论依据。

不难推出：电动机定子上有 m 相励磁绕组，其轴线分别与转子齿轴线偏移 $1/m$、$2/m$、…、$(m-1)/m$、1，并且导电按一定的相序，电动机就能正反转被控制，这是步进电动机旋转的物理条件。只要符合这一条件，理论上可以制造任何相的步进电动机，但出于成本等多方面考虑，市场上一般以二、三、四、五相步进电动机为多。

3）力矩。电动机一旦通电，在定子/转子间将产生磁场（磁通量 0），当转子与定子错开一定角度后会产生力 F，F 的大小与角度（$\mathrm{d}\Phi/\mathrm{d}\theta$）的大小成正比，图 5-44 为定子/转子错位产生的作用力示意图。

其磁通量

$$\Phi = B_r \cdot S \qquad (5-3)$$

式中，B_r 为磁通量密度；S 为导磁面积。

F 与 $L \times D \times B_r$ 正比，L 为铁心有效长度，D 为转子直径：

$$B_r = N \cdot I / R \qquad (5-4)$$

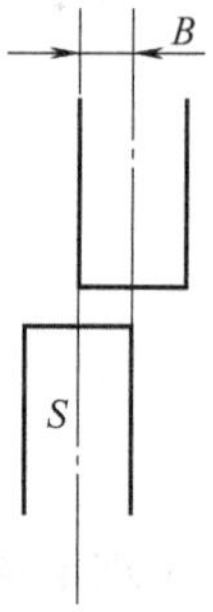

图 5-44　定子/转子错位产生的作用力示意图

式中，$N \cdot I$ 为励磁绕组安匝数（电流乘匝数）；R 为磁阻。力矩 = 力 × 半径。

力矩与电动机有效体积 × 安匝数 × 磁密的数值成正比（只考虑线性状态）。因此，电动机有效体积越大，励磁安匝数就越大，定子/转子间气隙越小，电动机力矩越大，反之亦然。

（2）感应子式步进电动机　感应子式步进电动机与传统的反应式步进电动机相比，结构上转子加有永磁体，以提供软磁材料的工作点，而定子激磁只需提供变化的磁场而不必提供磁材料工作点的耗能，因此该电动机工作效率高，电流小，发热低。因永磁体的存在，该电动机具有较强的反电动势，其自身阻尼作用比较好，使其在运转过程中比较平稳、噪声低、低频振动小。

感应子式步进电动机在某种程度上也可以看作是低速同步电动机。一个四相电动机可以作四相运行，也可以作二相运行，而反应式电动机则不能如此。例如四相八拍运行（A—AB—B—BC—C—CD—D—DA—A）完全可以采用二相八拍运行方式，其条件为 $C = \overline{A}$，$D = \overline{B}$。

一个二相电动机的内部绕组与四相电动机完全一致，小功率电动机一般直接接为二相，而功率大一点的电动机为了方便使用，灵活改变电动机的动态特点，往往将其外部接线为八根引线（四相），这样使用时，既可以作四相电动机使用，也可以作二相电动机绕组串联或并联使用。

2. 步进电动机的性能指标

（1）步进电动机的静态指标术语

1）相数：产生不同对极 N、S 磁场的激磁线圈对数，常用 m 表示。

2）拍数：完成一个磁场周期性变化所需脉冲数或导电状态，用 n 表示，或指电动机转过一个齿距角所需脉冲数。以四相电动机为例，有四相四拍运行方式，即 AB—BC—CD—DA—AB，四相八拍运行方式，即 A—AB—B—BC—C—CD—D—DA—A。

3）步距角：对应一个脉冲信号，电动机转子转过的角位移，用 O 表示。$O = 3600$（转子齿数×运行拍数），以常规二、四相，转子齿为 50 齿电动机为例，四拍运行时步距角为 $O = 3600/(50×4) = 1.80$，俗称整步，八拍运行时步距角为 $0 = 3600/(50×8) = 0.9$，俗称半步。

4）定位转矩：电动机在不通电的状态下，是其转子自身的锁定力矩（由磁场齿形的谐波以及机械误差造成）。

5）最大静转矩 T_{max}（N·m）：定子绕组通入电脉冲，步进电动机的转子静止时，由外力使转子离开平衡位置的极限转矩称为最大静转矩。它反映了步进电动机的负载能力和动作的快速性。步进电动机可驱动的负载转矩应比最大静转矩小得多，一般为 $(0.3 \sim 0.5)×T_{max}$。

虽然静转矩与电磁激磁安匝数成正比，与定齿转子间的气隙有关，但过分采用减小气隙，增加激磁安匝数来提高静力矩是不可取的，这样会造成电动机的发热及机械噪声。

（2）步进电动机动态指标及术语

1）步距角精度：步进电动机每转过一个步距角的实际值与理论值的误差与理论值的比值，用百分比表示为误差/步距角×100%。不同运行拍数其值不同，四拍运行时应在 5% 之内，八拍运行时应在 15% 以内。

2）失步：电动机运转时运转的步数不等于理论上的步数，称之为失步。

3）失调角：转子齿轴线偏移定子齿轴线的角度，电动机运转必存在失调角，由失调角产生的误差，采用细分驱动是不能解决的。

4）最大空载起动频率：电动机在某种驱动形式、电压及额定电流下，在不加负载的情况下，能够直接起动的最大频率。

5）最大空载的运行频率：电动机在某种驱动形式、电压及额定电流下，不带负载的最高转速频率。

6）运行矩频特性：电动机在某种测试条件下测得运行中输出力矩与频率关系的曲线称为运行矩频特性，这是电动机诸多动态曲线中最重要的，也是电动机选择的根本依据。电动机运行矩频静态特性如图 5-45 所示。其他特性还有惯频特性、起动频率特性等。

电动机一旦选定，其静力矩就已经确定，而动态力矩却不然，电动机的动态力矩取决于电动机运行时的平均电流（而非静态电流），平均电流越大，电动机的输出力矩越大，即电动机的频率特性越硬。电动机运行矩频动态特性如图 5-46 所示。

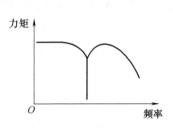

图 5-45　电动机运行矩频静态特性

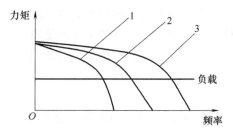

图 5-46　电动机运行矩频动态特性

其中，曲线 3 的电流最大（或电压最高），曲线 1 的电流最小（或电压最低），曲线与负载的交点为负载的最大速度点。要使平均电流大，应尽可能提高驱动电压，即采用小电感大电流的电动机。

7）电动机的共振点：步进电动机均有固定的共振区域，二、四相感应子式步进电动机转速的共振区一般在 180~250PPS（秒脉冲）之间（步距角 1.8°）或在 400PPS 左右（步距角为 0.9°），电动机驱动电压越高，电动机电流越大，负载越轻，电动机体积越小，则共振区越向上偏移；反之亦然。为使电动机输出力矩大、不失步和整个系统的噪声降低，一般工作点应偏移共振区较多。

8）电动机正/反转控制：当电动机绕组通电时序为 AB—BC—CD—DA 时为正转，通电时序为 DA—CD—BC—AB 时为反转。

3. 步进电动机的选用及其关注点

（1）步进电动机的选用　步进电动机有步距角（涉及相数）、静力矩及电流三大要素。一旦三大要素确定，步进电动机的型号便确定下来。

1）步距角的选择。电动机的步距角取决于负载精度的要求，将负载的最小分辨率（当量）换算到电动机轴上，得到每个当量电动机应走多少角度（包括减速）。电动机的步距角应等于或小于此角度。目前市场上步进电动机的步距角一般有 0.36°/0.72°（五相电动机）、0.9°/1.8°（二、四相电动机）、1.5°/3°（三相电动机）等。

2）静力矩的选择。步进电动机的动态力矩一下子很难确定，往往是先确定电动机的静力矩。静力矩选择的依据是电动机工作的负载，而负载可分为惯性负载和摩擦负载两种。单一的惯性负载和单一的摩擦负载是不存在的。直接起动时（一般由低速起动），两种负载均要考虑，加速起动时主要考虑惯性负载，恒速运行时只要考虑摩擦负载即可。一般情况下，静力矩应为摩擦负载的 2~3 倍为好。

3）电流的选择。静力矩相同的电动机，由于电流参数不同，其运行特性差别很大，可依据矩频特性曲线，判断电动机的电流（参考驱动电源及驱动电压）。综上所述，选用电动机一般应遵循如图 5-47 所示的步骤。

4）力矩与功率换算。步进电动机一般在较大范围内调速使用，其功率是变化的，一般只用力矩来衡量，力矩与功率换算公式如下：

$$P = \omega \cdot M \qquad (5-5)$$
$$\omega = 2\pi n/60 \qquad (5-6)$$
$$P = 2\pi nM/60 \qquad (5-7)$$

式中，P 为功率，单位为 W；ω 为角速度，单位为 rad/s；n 为转速，单位为 r/min；M 为力矩，单位为 N·m。

$$P = 2\pi fM/400 \text{（半步工作）} \qquad (5-8)$$

式中，f 为秒脉冲（简称 PPS）。

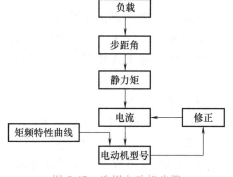

图 5-47　选用电动机步骤

（2）选用中的注意点

1）步进电动机应用于低速场合，一般转速不超过 1000r/min（0.9°时为 6666PPS），最好在 1000~3000PPS（0.9°）之间使用，可通过减速装置使其在此间工作，此时电动机工作效率高，噪声低。

2）步进电动机最好不使用整步状态，因为整步状态时振动会增大。

3）由于历史原因，除标称为 12V 电压的电动机使用 12V 电压外，其他电动机的电压值均不是驱动电压的伏值，可根据驱动器选择驱动电压，当然 12V 的电压除 12V 恒压驱动外也可以采用其他驱动电源，不过需要考虑温升。

4）电动机在较高速动转或载有大惯量负载时，一般不在工作速度时起动，而是采用逐渐升频提速的方法，这样做既不会使电动机失步，又可以在减少噪声的同时提高电动机停止的定位精度。

5）高精度时，应通过机械减速、提高电动机速度，或采用高细分数的驱动器，也可以采用五相电动机，不过因为整体系统的价格较贵，生产厂家少。

6）电动机不应在振动区内工作，如若必须在振动区内工作，可通过改变电压、电流或加一些阻尼来解决。

7）电动机在 600PPS（0.9°）以下工作时，应采用小电流、大电感、低电压驱动。

8）应遵循先选电动机后选驱动的原则。

4. 步进电动机的基本控制系统

控制步进电动机必须采用具备脉冲信号、信号分配、功率放大等功能的控制系统，如图 5-48 所示。

（1）脉冲信号的产生　脉冲信号一般由单片机或 CPU 产生，一般脉冲信号的占空比为 0.3~0.4，电动机转速越高，占空比越大。

（2）信号分配　以二、四相感应子式步进电动机为例，二相电动机工作方式一般有二相四拍和二相八拍两种，四相电动机工作方式有四相四拍和四相八拍两种。

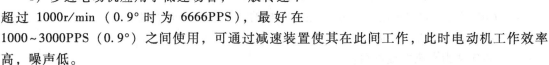

图 5-48　步进电动机连接的控制系统

（3）功率放大　功率放大是控制系统最重要的部分。步进电动机在一定转速下的转矩取决于它的动态平均电流而非静态电流。平均电流越大电动机的力矩越大，要达到平均电流大的目的，就需要控制系统尽量克服电动机的反电势，所以需要在不同的场合采取不同的驱动方式。到目前为止，驱动方式一般有恒压、恒压串电阻、高/低压驱动、恒流、细分数等。

为了尽量提高电动机的动态性能，将信号分配、功率放大组成步进电动机的驱动电源。这里介绍一种相恒流斩波驱动电源与单片机及电动机的接线方式，如图 5-49 所示。

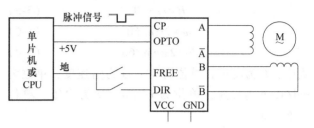

图 5-49　驱动电源与单片机及电动机的接线方式

（4）相关说明

1）CP 端接收 CPU 或单片机输出的脉冲信号（负信号，低电平有效）。

2）OPTO 端接收 CPU 或单片机输出的+5V 电压。

3）FREE 端脱机，与 CPU 或单片机的地线相接，驱动电源不工作。

4）DIR 端负责方向控制，与 CPU 或单片机的地线相接，电动机反转。

5）VCC 端为直流电源正端。

6）GND 端为直流电源负端。

7）A 端接电动机引出线。

8）$\overline{\text{A}}$ 端接电动机引出线。

9）B 端接电动机引出线。

10）$\overline{\text{B}}$ 端接电动机引出线。

步进电动机一经定型，其性能就取决于电动机所接的驱动电源。步进电动机转速越高，力矩越大，则要求电动机的电流越大，驱动电源的电压越高。电压对力矩的影响如图 5-50 所示。

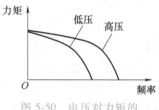

图 5-50　电压对力矩的影响示意图

5.2.3　伺服电动机（舵机）

伺服电动机（以下简称舵机）是自动装置中的执行元件，它的最大特点是可控。在有控制信号输入时，舵机转动，且转速大小与控制电压的大小成正比。在停止控制信号电压输入后，舵机就立即停止转动。舵机应用甚广，几乎所有的自动控制系统中都需要用到。例如测速发电机，它的输出与电动机的速度成正比；或者齿轮盒驱动电位器机构，它的输出与电位器移动的位置成正比。当这类电动机与适当的功率控制反馈环配合时，它

微视频5-6
伺服电动机

的速度可以与外部振荡器频率精确锁定，或与外部位移控制旋钮进行锁定。舵机在机器人大赛中也有广泛的应用，其控制简单得多，所以在这里只是给予简要介绍。

（1）舵机的工作原理　一般来讲，舵机主要由以下几个部分组成：舵盘、减速齿轮组、比例电位器、直流电动机、控制电路等。舵机是一种位置伺服驱动器，又是一个典型闭环反馈系统，适用于那些需要角度不断变化并可以保持的控制系统。其工作原理如图 5-51 所示。

图 5-51　伺服电动机工作原理

　　减速齿轮组由直流电动机驱动，其输出端带动一个线性的比例电位器作位置检测，该电位器把转角坐标转换为一个比例电压反馈给控制电路，控制电路将其与接收到的控制脉冲信号比较，产生纠正脉冲信号，并驱动电动机正向或反向转动，使减速齿轮组的输出位置与期望值相符，令纠正脉冲信号最终趋于零，从而达到舵机精确定位的目的。

　　标准的舵机有三条控制线，分别为电源线、地线及控制线。电源线与地线用于提供内部的直流电动机及控制电路所需的能源，电压通常为 4~6V，该电源应尽可能与处理系统的电源隔离（因为伺服电动机会产生噪声）。小型舵机在重负载时也会拉低放大器的电压，所以整个系统电源供应的比例必须合理。

　　舵机的三条控制线中橙色（白线）线是控制线，连接到控制芯片上；红色线是电源正极线，工作电压是+5V；黑色线则是地线。舵机的控制端需输入周期性的正向脉冲信号，这个周期性脉冲信号的高电平时间通常在 1~2ms，而低电平时间通常在 5~20ms。表5-2列出了一个典型的 20ms 周期性脉冲的正脉冲宽度与微型伺服电动机的输出臂在 180°范围内转动时与输入脉冲的对应关系。

表 5-2　特定周期下正脉冲宽度与输出角度关系

输入正脉冲宽度(周期为20ms)	伺服电动机输出臂位置	输入正脉冲宽度(周期为20ms)	伺服电动机输出臂位置
0.5ms	≈-90°	2.0ms	≈45°
1.0ms	≈-45°	2.5ms	≈90°
1.5ms	≈0°		

　　舵机的瞬时运动速度是由其内部的直流电动机和变速齿轮组的配合决定的，在恒定的电压驱动下，其数值唯一。但其平均运动速度可通过分段停顿的控制方式来改变，例如，可把动作幅度为 90°的转动细分为 128 个停顿点，通过控制每个停顿点的时间长短来实现 0°~90°变化的平均速度。对于多数舵机来说，角速度的单位为"°/s"。

　　（2）舵机的单片机控制　单片机系统实现对舵机输出转角的控制，必须首先完成两个任务：一是产生基本的 PWM 周期信号；二是脉宽的调整。

　　用现场可编程门阵列（FPGA）、模拟电路、单片机来产生舵机的控制信号，成本高且电路复杂。对于脉宽调制信号的脉宽变换，常用的一种方法是采用调制信号获取有源滤波后的直流电压，但是需要 50Hz（周期是 20ms）的信号，这对运放器件的选择有较高要求，从电路体积和功耗方面考虑也不易采用。5mV 以上的控制电压的变化就会引起舵机的抖动，对于机载的测控系统而言，电源和其他器件的信号噪声都远大于 5mV，所以滤波电路的精度难以达到舵机的控制精度要求。

　　可以用单片机作为舵机的控制单元，使 PWM 信号的脉冲宽度实现微秒级的变化，从而提高舵机的转角精度。单片机完成控制算法，再将计算结果转化为 PWM 信号输出到舵机，由于单片机系统是一个数字系统，其控制信号的变化完全依靠硬件计数，所以受外界干扰较小，整个系统工作可靠。当系统中只需要实现一个舵机的控制时，采用的控制方式是改变单片机的一个定时器中断的初值，将 20ms 分为两次中断执行，即一次短定时中断和一次长定时中断。这样既节省了硬件电路中的元器件安装，也减少了软件开销，控制系统工作效率和控制精度都很高。

5.2.4　其他电动机

在一些特殊的应用场合，机器人设计和制作过程中还会用到一些特殊的电动机，比如直接驱动电动机、超声波电动机、真空电动机等。

微视频5-7
其他电动机

（1）直接驱动电动机　直接驱动电动机可以与负载直接耦合，无中间传动装置。它的优点是省去了减速传动系统，能够提高机械效率，增大机构刚度，消除机构间隙，减小惯性。缺点是电动机直接安装在机器人各关节处，增大了关节重量。

（2）超声波电动机　与传统的电磁式电动机不同，超声波电动机是利用压电陶瓷的逆压电效应，将超声振动作为动力源的一种新型电动机，它由振动部分和移动部分组成，靠振动部分和移动部分之间的摩擦力来驱动自身运行。超声波电动机的优点是体积小、重量轻，不用制动器，速度和位置控制灵敏度高，转子惯性小，响应性能好，没有电磁噪声等。

（3）真空电动机　真空电动机主要用于超洁净、高真空度、高/低温测试环境下使用的真空机器人，例如，用于搬运半导体硅片的超真空机器人，它的优点是能够在高温、低温和高真空环境下使用。

电动机是机器人主要的动力来源，可将电能转换为机械能，为机器人提供驱动力。过去国内机器人所使用的电动机大多由国外进口，但随着近几年国内企业在电动机的相关技术上取得了不小的突破，国内企业已经开始在多个方面使用国内电动机，比如万至达电机制造有限公司就从功率密度、齿槽转矩、电流环设计等多方面入手，自主研发出了机器人用高性能电动机及驱动器，并且万至达电机所研发的部分电动机产品在性能、精度、可靠性等方面已经达到国外同类产品水平。

经过长期努力，目前我国的各项事业实现了历史性、整体性、格局性重大变化，重大创新成果竞相涌现，一些前沿方向开始进入并行、领跑阶段。同时我国也在制造领域，如加工精度、精密装配、系统化集成等方面重点培养大量具有创新能力、能精益求精的技术技能人才，能够在一线解决生产、加工、制造、维护、维修的技术问题。

习　题　5

一、选择题

1. 机器人的执行机构部件中，基础部分是（　　）。

A. 手爪　　　　B. 手腕　　　　C. 手臂　　　　D. 基座

2. 轮式行走结构机器人的优点是（　　）。

A. 能够越坑、爬楼梯　　　　B. 地接触面积大

C. 动作灵活、定位准确　　　D. 稳定性较好

3. 步进电动机四相四拍运行方式是（　　）。

A. AB—CD—AB—CD—AB　　B. AB—BC—CD—DA—AB

C. AB—BD—CD—BA—AB　　D. AB—BA—CD—DC—AB

4. 步进电动机一旦选定，电动机的（　　）就已经确定。

A. 静力矩　　　　　　　　B. 动力矩

C. 失调角　　　　　　　　D. 步距角精度

5. 伺服电动机的最大特点是（　　）。

A. 驱动简单　　　　　　　B. 可控

C. 控制简单　　　　　　　D. 体积小

二、填空题

1. _____与_____是机器人技术中最为基础的部分，它们构成了机器人的骨骼。

2. 工业机器人的机械结构一般设计为_____的形式。

3. 机器人的传动件主要有_____、带轮、_____和凸轮。

4. 构成机器人的机械零件按用途可分为传动件、缓冲件、支撑件、联轴器、离合器与制动器和_____。

5. 服务机器人按照其本体结构的运动能力分为_____和_____两类。

6. 移动式服务机器人的行走机构常见的主要有_____、履带式和_____行走机构。

7. RV 减速器主要应用在基座、手臂等_____的位置，谐波减速器主要安装在小臂、腕部或手部等位置。

8. 机器人一般都主要使用直流电动机（有刷和无刷）、_____及_____。

9. 移动机器人所使用的直流电动机主要是_____和_____。

10. 从电动机的特性曲线图中得知，转速与转矩的关系是_____。

11. 直流电动机的驱动控制都是采用_____来实现的。

12. 有刷直流电动机控制系统速度测量接口设计中为了节约单片机的 I/O 口，所有计数器值都是通过转换成_____后读取的。

13. 步进电动机是将_____转变为_____的开环控制元件。

14. 步进电动机的位置和速度由导电次数（脉冲数）和频率呈_____对应关系。而方向由导电顺序决定。

15. 步进电动机有_____、_____及_____三大要素。一旦三大要素确定，步进电动机选择的型号便确定下来了。

三、简答题

1. 机器人驱动器主要有哪些？

2. 机器人的手臂应具有哪些特点？

3. 简述步进电动机的性能指标。

4. 简述有刷直流电动机的工作原理。

第6章

机器人硬件电路

本章主要从机器人电源、机器人控制器和机器人传感器三方面介绍机器人硬件电路的组成和工作原理。机器人常用的电源主要有干电池、铅酸蓄电池、镍镉/镍氢电池、锂电池等，另外部分服务机器人还使用电源适配器作为外接电源。工业机器人的外接电源一般采用交流电，由专门的配电柜提供。机器人控制器可以看作是机器人的"心脏"，它是根据指令以及传感信息控制机器人完成一定的动作或作业任务的装置，其性能决定了机器人性能的优劣。机器人控制器主要分为以单片机为核心的机器人控制系统，以 PLC 为核心的机器人控制系统，以工控机为核心的控制系统。传感器在机器人的控制中起到了非常重要的作用，为了检测作业对象及环境，通常在机器人上安装视觉传感器、力觉传感器、触觉传感器、超声波传感器和听觉传感器等，使机器人具备类似人类的知觉功能和反应能力。

知识目标

1. 掌握机器人各种类型控制器的工作原理、功能和特点。
2. 熟悉机器人各种类型传感器的工作原理和应用场合。
3. 了解机器人电源的类型和特点。

能力与素质目标

1. 具备对机器人的控制器和常用传感器进行初步选型的能力。
2. 学会服务机器人控制器的电路设计方法。
3. 具备创新发展理念，不断完善、改进机器人的工作态度。

6.1 机器人电源

6.1.1 机器人常用电源

机器人常用的电源有干电池、铅酸蓄电池、镍镉/镍氢电池、锂电池等。

1. 干电池

干电池（Dry Cell）是一种以糊状电解液来产生直流电的化学电池（湿电池则为使用液态电解液的化学电池）。干电池属于化学电源中的原电池，是一种一次性电池。因为这种化学电源的电解质是一种不能流动的糊状物，

微视频6-1
机器人常用电源

所以被叫作干电池，这是相对于具有可流动电解质的电池而言。干电池不仅适用于手电筒、半导体收音机、收录机、照相机、电子钟、玩具等日用物品中，也适用于国防、科研、电信、航海、航空、医学等国民经济中的各个领域。

常见的干电池为锌锰电池（或称碳锌电池），如图6-1所示。锰-锌干电池中间是正极碳棒，外包石墨和二氧化锰的混合物，再外面是一层纤维网，网上涂有很厚的电解质糊，其构成是氯化铵溶液和淀粉，另有少量防腐剂。最外层是金属锌皮做的筒，也就是负极，电池放电就是氯化铵与锌的电解反应，释放出的电荷由石墨传导给正极碳棒，锌的电解反应是会释放氢气的，这会增加电池内阻，而和石墨相混的二氧化锰就是用来吸收氢气的。但若电池连续工作或是用得太久，二氧化锰就来不及吸收或已近饱和无法再吸收氢气，此时电池就会因内阻太大且输出电流太小而失去作用。但此时若将电池加热，或放置一段时间，其内部聚集的氢气就会受热放出，或因为电池得到"休息"而缓慢放出，二氧化锰也可能得到恢复，电池也可能再具备放电能力。

图 6-1 干电池

随着科学技术的发展，干电池已经发展成为一个大的家族，到目前为止已经约有100多个品种。常见的有普通锌-锰干电池、碱性锌-锰干电池、镁-锰干电池、锌-空气电池、锌-氧化汞电池、锌-氧化银电池、锂-锰电池等。对于使用最多的锌-锰干电池来说，由于结构的不同又可分为糊式锌-锰干电池、纸板式锌-锰干电池、薄膜式锌-锰干电池、氯化锌-锰干电池、碱性锌-锰干电池、四极并联锌-锰干电池、迭层式锌-锰干电池等。普通锌-锰干电池也称碳性电池，是目前市场上较为常见的一种干电池。根据其采用的材料、制造工艺的不同可分为普通型和高能电池（或称高性能电池）。成本低是这类电池的优点，但电容量低的缺点也是明显的，不适合需要大电流和较长期连续工作的场合。

干电池的三项指标如下：

1）标称电压，就是正常工作时的路端电压。新电池或刚充完电的电池电压会略高于额定电压，开始使用后就会降到这一电压值，此后能在这一电压值保持较长的时间。电池电压低于该电压值后，就会较快地下降，直至电池不能使用。

2）容量，电池的电能量单位一般用mAh表示，500mAh则表示此电池以50mA的电流放电，能工作10h。越是高品质的电池，容量的线性也越好。

3）存放期和自放电率，一般一次性电池的存放时间约2~3年。这是由于电池在自由放置时放电效应引起的，充电电池由于自放电率较高，一般直接给出自放电率，每月百分之几。

2. 铅酸蓄电池

铅酸蓄电池（Lead-Acid Battery）主要由铅及其氧化物制成，是电解液为硫酸溶液的一种蓄电池。在放电状态下，其正极主要成分为二氧化铅，负极主要成分为铅；在充电状态下，其正/负极的主要成分均为硫酸铅。电池主要由管式正极板、负极板、电解液、隔板、电池槽、电池盖、极柱、注液盖等组成。

铅酸蓄电池分为排气式铅酸蓄电池和免维护铅酸蓄电池。排气式铅酸蓄电池的电极由铅和铅的氧化物构成，电解液是硫酸的水溶液，其主要优点是电压稳定、成本低，缺点是比能低（即每公斤蓄电池存储的电能）、使用寿命短和日常维护频繁。老式普通铅酸蓄电池一般寿命在 2 年左右，而且需定期检查电解液的高度并添加蒸馏水。不过随着科技的发展，铅酸蓄电池的寿命变得更长而且维护也更简单了，如铅酸免维护蓄电池，顾名思义其最大的特点就是"免维护"。和普通的铅酸蓄电池相比，它的电解液消耗量非常小，在使用寿命期内基本不需要补充蒸馏水。它还具有耐振、耐高温、体积小、自放电小的特点。但它的成本也会比普通铅酸蓄电池更高。正常情况下免维护铅酸蓄电池的建议更换周期为 3 年左右，比普通铅酸蓄电池略长。

铅酸蓄电池最明显的特征是其顶部有可拧开的塑料密封盖，上面还有通气孔。这些注液盖是用来加注蒸馏水、检查电解液和排放气体用的。理论上说，铅酸蓄电池需要在每次保养时检查电解液的密度和液面高度，如果有缺少需添加蒸馏水。但随着蓄电池制造技术的升级，铅酸蓄电池发展为铅酸免维护蓄电池和胶体免维护电池，电池使用中无须添加电解液或蒸馏水，主要原理是利用正极产生氧气可在负极吸收达到氧循环，可防止水分减少。免维护铅酸蓄电池大多应用在牵引车、三轮车、汽车等起动，而免维护铅酸蓄电池应用范围更广，包括不间断电源、电动自行车电池等。

如图 6-2 所示，铅酸蓄电池有 2V、4V、6V、8V、12V、24V 等系列，容量从 200mAh 到 3000Ah。VRLA 电池是基于 AGM（吸液玻璃纤维板）技术和钙栅板的可充电电池，具有优越的大电流放电特性和超长的使用寿命。它在使用中不需要加蒸馏水。

图 6-2 铅酸蓄电池

（1）常用的铅酸蓄电池分类

1）普通铅酸蓄电池：普通铅酸蓄电池的极板是由铅和铅的氧化物构成，电解液是硫酸的水溶液。它的主要优点是电压稳定、成本低；缺点是比能低（即每公斤蓄电池存储的电能）、使用寿命短和日常维护频繁。

2）干荷蓄电池：它的全称是干式荷电铅酸蓄电池，它的主要特点是负极板有较高的储电能力，在完全干燥的状态下，能在两年内保存所得到的电量，使用时只需加入电解液，等待 20~30min 就可使用。

3）免维护铅酸蓄电池：免维护铅酸蓄电池由于自身结构上的优势，电解液的消耗量非常小。市场上的免维护铅酸蓄电池有两种：第一种在购买时一次性加入电解液，以后使用中不需要维护，即添加补充液；另一种是电池本身出厂时就已经加好电解液并封死，用户无法自行加补充液。

（2）铅酸蓄电池的主要特性

1）安全密封。在正常操作中，电解液不会从电池的端子或外壳中泄漏出来。

2）没有自由酸。特殊的吸液隔板将酸保持在电池内，电池内部没有自由酸，因此电池可放置在任意位置。

3）泄气系统。铅酸蓄电池内压超出正常水平后，VRLA 电池（Valve-Regulated Lead Acid Battery，阀控式密封铅酸蓄电池）会放出多余气体并自动重新密封，保证电池内没有多余气体。

4）维护简单。由于独一无二的气体复合系统使产生的气体转化成水，在使用电池的过程中不需要加蒸馏水。

5）使用寿命长。采用了有抗腐蚀结构的铅钙合金栅板，电池可浮充使用 10~15 年。

6）质量稳定，可靠性高。采用先进的生产工艺和严格的质量控制系统，电池的质量稳定，性能可靠。电压、容量和密封在线上进行 100%检验。

（3）关于铅酸蓄电池的注意事项

1）使用环境与安全注意事项。

① 铅酸蓄电池使用在自然通风良好、环境温度最好在 25℃±10℃ 的工作场所。

② 铅酸蓄电池在这些条件下使用将十分安全：导电连接良好、不严重过充、热源不直接辐射、保持自然通风。

2）安装注意事项。

① 蓄电池应远离热源和易产生火花的地方，其安全距离应大于 0.5m。

② 蓄电池应避免阳光直射，且不能置于有大量放射性物质、红外线辐射、紫外线辐射、有机溶剂气体和腐蚀气体的环境中。

③ 安装地面应有足够的承载能力。

④ 由于电池组件电压较高，存在电击危险，因此在装卸导电连接条时应使用绝缘工具，安装或搬运电池时应戴绝缘手套、围裙和防护眼镜。电池在安装搬运过程中，只能使用非金属吊带，不能使用钢丝绳等。

⑤ 脏污的连接条或不紧密的连接均可引起电池打火，甚至损坏电池组，因此安装时应仔细检查并清除连接条上的脏污，且拧紧连接条。

⑥ 不同容量、不同性能的蓄电池不能互连使用，安装末端连接件和导通电池系统前，应认真检查电池系统的总电压和正/负极，以保证安装正确。

⑦ 电池外壳不能使用有机溶剂清洗，在电池发生火灾时不宜使用干粉灭火器，建议使用二氧化碳灭火器扑灭电池火灾。

⑧ 铅酸蓄电池与充电器或负载连接时，电路开关应位于"断开"位置，并保证连接正确：正极与正极连接，负极与负极连接。

3）运输、储存注意事项。

① 由于有的电池重量较重，必须注意运输工具的选用，严禁翻滚和摔掷有包装箱的电池组。

② 搬运电池时不要触动极柱和安全阀。

③ 蓄电池为带液荷电出厂，运输中应防止电池短路。

④ 电池在安装前可在 0℃ ~ 35℃ 的环境下存放，但存放时间不能超过 6 个月，超过 6 个月储存期的电池应充电维护，存放地点应清洁、通风、干燥。

4）使用注意事项。

① 铅酸蓄电池荷电出厂。从出厂到安装使用，电池容量会受到不同程度的损失，若时间较长，在投入使用前应进行补充充电。如果蓄电池储存期不超过一年，在恒压 2.27V/只的条件下充电 5 天。如果蓄电池储存期为 1 ~ 2 年，在恒压 2.33V/只的条件下充电 5 天。

② 铅酸蓄电池浮充使用时，应保证每个单体电池的浮充电压值为 2.25 ~ 2.30V，如果浮充电压高于或低于这一范围，将会减少电池容量或寿命。

③ 当铅酸蓄电池浮充运行时，蓄电池单体电池电压不应低于 2.20V，如单体电压低于 2.20V，则需进行均衡充电。均衡充电的方法为：充电电压 2.35V/只，充电时间 12h。

④ 铅酸蓄电池循环使用时，在放电后采用恒压限流充电。充电电压为 2.35 ~ 2.45V/只，最大电流不大于 0.25A。具体充电方法为：先用不大于上述最大电流值的电流进行恒流充电，待充电到单体平均电压升到 2.35 ~ 2.45V 时，改用平均单体电压为 2.35 ~ 2.45V 恒压充电，直到充电结束。

⑤ 铅酸蓄电池循环使用时充电完全的标志：在上述限流恒压条件下进行充电，其充足电的标志，可以在以下两条中任选一条作为判断依据：第一，充电时间 18 ~ 24h（非深放电时间可短）；第二，充电末期连续 3h 充电电流值不变化。恒压 2.35 ~ 2.45V 充电的电压值，是环境温度为 25℃ 的规定值，当环境温度高于 25℃ 时，充电电压要相应降低，防止造成过充电；当环境温度低于 25℃ 时，充电电压应提高，以防止充电不足。通常降低或提高的幅度为温度每变化 1℃ 每个单体增/减 0.005V。

⑥ 铅酸蓄电池放电后应立即再充电，若放电后的蓄电池放置时间太长，即使再充电也不能恢复其原容量。

⑦ 铅酸蓄电池使用时，务必拧紧接线端子的螺栓，以免引起火花及接触不良。

5）铅酸蓄电池运行检查和记录注意事项。

① 电池投入运行后，应至少每季测量浮充电压和开路电压一次，并记录每个单体电池浮充电压或开路电压值。

② 蓄电池系统的端电压（总电压）。

③ 环境温度。

④ 每年应检查一次连接导线是否有松动或腐蚀污染现象，松动的导线必须及时拧紧，腐蚀污染的接头应及时做清洁处理。

⑤ 运行中，如发现以下异常情况，应及时查找故障原因，并更换故障的蓄电池。

⑥ 电压异常。

⑦ 物理性损伤（壳、盖有裂纹或变形）。

⑧ 电池液泄漏。

⑨ 温度异常。

3. 镍镉/镍氢电池

（1）镍镉电池 图 6-3 所示为镍镉电池（Ni-Cd, Nickel-Cadmium Battery），是最早应用于手机等设备的电池种类，它具有良好的大电流放电特性，耐过充/放电能力强、维护简单。镍镉电池可重复 500 次以上的充/放电，内阻小，可供大电流放电。当它放电时电压的变化很小，是一种质量极佳的直流电源电池。因为其采用完全密封式，因此不会有电解液漏出的现象，也不需要补充电解液。与其他种类电池

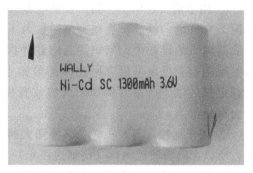

图 6-3 镍镉电池

相比，镍镉电池可耐过充电或过放电，操作简单方便。长时间的放置下也不会使性能劣化，充完电后即可恢复。

1）镍镉电池的主要特征。

① 寿命长。镍镉电池提供的充/放电周期，使其寿命几乎等同于使用该种电池的设备的服务期。

② 优异的放电性能。在大电流放电的情况下，镍镉电池具有低内阻和高电压的放电特性，因而应用广泛。

③ 储存期长。镍镉电池储存寿命长而且限制条件少，在长期储存后仍可正常充电。

④ 高倍率充电性能。镍镉电池可根据应用需要进行快速充电，满充时间仅为 1.2h。

⑤ 大范围温度适应性。普通型镍镉电池可以应用于温度较高或较低的环境中。高温型电池可以在 70℃ 或者更高温度的环境中使用。

⑥ 可靠的安全阀。安全阀提供了免维护功能。镍镉电池在充放电或者储存过程中可以自由使用。由于密封圈使用的是特殊材料，再加上密封剂的作用，使得镍镉电池很少出现漏液现象。

⑦ 广泛的应用领域。镍镉电池容量从 100mAh 至 7000mAh，通常使用的有标准型、消费型、高温型和大电流放电型等四大类，可应用于任何无线设备。

⑧ 高质量、高可靠性产品通过了 QS-9000 质量认证。

2）镍镉电池的主要用途。大型袋式和开口式镍镉电池主要用于铁路机车、装甲车辆、飞机发动机等设备中，作起动或应急电源。圆柱密封式镍镉电池主要用于电动工具、剃须器等便携式电器。小型扣式镉镍电池主要用于小电流、低倍率放电的无绳电话、电动玩具等。由于废弃镉镍电池对环境有污染，该系列的电池将逐渐被性能更好的金属氢化物镍电池所取代。

（2）镍氢电池 镍氢电池如图 6-4 所示，是由氢离子和金属镍合成，电量储备比镍镉电池多 30%，重量比镍镉电池更轻，使用寿命也更长，并且几乎对环境无污染。镍氢电池的缺点是成本比镍镉电池高，性能比锂电池要差一

图 6-4 镍氢电池

些。镍氢电池主要有以下应用。

① 用于消费性电子产品。镍氢电池被普遍地应用在消费性电子产品中。旧式的镍氢电池因为自放电的缘故，会在充电后数月甚至数星期内失去电量，所以只可应用于短时间内需要电力的设备中，家电用品的红外线遥控器或时钟一类并不适合。新式的低漏电镍氢电池基本上已经可以应用在大部分原本使用碱性电池的产品上。但有一些比较旧式及低耗电量的电子产品（例如旧式的收音机）因为电压问题而在使用镍氢电池时自身的性能会有所下降。

② 用于遥控玩具。一些功率特别大的镍氢电池，其容量、输出电流及功率比镍镉电池大，所以在电动遥控玩具（例如遥控车）上逐渐取代了镍镉电池。

③ 用于混合动力车辆。大功率的镍氢电池也可使用在油电混合动力车辆中，最佳的例子就是丰田的 Prius 混合动力车，该车使用了特别的充/放电程序，使电池充放电寿命延长。

④ 用于能量再生系统。采用镍氢充电电池的怠速停止车用能量再生系统，该系统是在通常配备的铅蓄电池的基础上组合使用镍氢充电电池，将减速时产生的能量存储在镍氢充电电池中再利用，这样不但能提高燃效，还能减轻铅蓄电池的负担，延长铅蓄电池的寿命。将来，还将实现不仅对车载电装品供电，还将实现为辅助驱动的起动电动机供电，由此有望进一步提高燃效。

4. 锂电池

锂电池大致可分为两类：锂离子电池和锂聚合物电池。锂离子电池不含金属态的锂，并且是可以充电的，如图 6-5 所示。可充电电池的第五代产品锂金属电池在 1996 年被研发出来，其安全性、比容量、自放电率和性能价格比均优于锂离子电池。由于其自身的高技术要求限制，现在只有少数几个国家的公司在生产这种锂金属电池。锂聚合物电池主要有以下几类：锂-氟化石墨电池、锂-二氧化锰电池、锂-亚硫酰氯电池、锂-硫化铁电池以及锂-氧化铜电池等。

图 6-5　锂离子电池

（1）锂电池的特征

① 高能量密度。锂离子电池的重量是相同容量的镍镉或镍氢电池的一半，体积是镍镉电池的 20%~30%，镍氢电池的 35%~50%。

② 高电压。一个锂离子电池单体的工作电压为 3.7V（平均值），相当于三个串联的镍镉或镍氢电池。

③ 无污染。锂离子电池不含诸如镉、铅、汞之类的有害金属物质。

④ 不含金属锂。锂离子电池不含金属锂，因而不受飞机运输关于禁止在客机携带锂电池等规定的限制。

⑤ 循环寿命长。在正常条件下，锂离子电池的充/放电周期可超过 500 次。

⑥ 无记忆效应。记忆效应是指镍镉电池在充/放电循环过程中，电池的容量减少的现象。锂离子电池不存在这种效应。

⑦ 快速充电。使用额定电压为 4.2V 的恒流、恒压充电器，可以使锂离子电池在 1.5~2.5h 内就充满电。

（2）锂电池的应用　随着 20 世纪微电子技术的发展，小型化的设备日益增多，对电源提出了很高的要求。锂电池随之进入了大规模的实用阶段。最早得以应用的是锂亚原电池，其被用于心脏起搏器中。由于锂亚原电池的自放电率极低，放电电压十分平缓，使得起搏器植入人体长期使用成为可能。锂锰电池一般有高于 3.0V 的标称电压，更适合作为集成电路电源，被广泛用于计算机、计算器、手表中。锂离子电池大量应用在手机、笔记本计算机、电动工具、电动车、路灯备用电源、航灯、家用小电器上，可以说是最大的应用群体。

6.1.2 外接电源

机器人的外接电源一般分为两大类，一种是适用于工业机器人的外接电源；另一种是适用于服务机器人的外接电源。

1. 服务机器人的外接电源

微视频6-2
外接电源

对于服务机器人来说，外接电源说成是电源适配器更恰当。因为这里提到的"外接电源"并不直接给服务机器人提供电量，而是将 220V 电压进得了降压，调整到适合服务机器人所需要的电压，再提供给服务机器人。与日常用到的台式计算机主机里面的电源类似，本质上是充当一个变压器的角色。

服务机器人的种类很多，给它们提供电源的方式也不同。一般功耗较小的服务机器人使用电池就可以了，对于功耗较大的服务机器人来说，一般需要提供外接电源，如图 6-6 所示。对于功耗较大的可移动的服务机器人，不但需要提供外接电源，而且机器人内部也配备电池，使其移动工作时有电源保障，以扫地机器人为例，其内部配有电池（一般还有一块备用电池），外部则配有外部电源，还有充电基座。而功耗较大且不移动的服务机器人一般只配有外部电源，如削面机器人。

图 6-6　服务机器人（扫地机器人）的外接电源

2. 工业机器人的外接电源

工业机器人的外接电源一般是由专门的配电柜组成，而且一般采用的都是交流电，如图 6-7 所示。

（1）配电柜的组成

1）供电电源。供电电源采用三相五线制电源中的 L1、L2、L3、PE 四线供电。

2）变压器。

3）开关。总开关必须具有与电柜门有机械互锁功能、过电流保护功能的断路器，必须有明确的"通""断""注意"等标识。驱动和系统及其他单设备必须加单独的断路器。伺服驱动系统的主电源可采用接触器来接通和切断电源，以确保安全性。

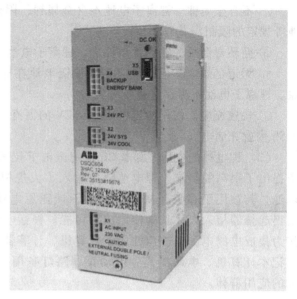

图 6-7 工业机器人外接电源

4）电源滤波器。为得到较好的电磁兼容性，防止电源被干扰，建议加装电源滤波器。驱动器的电源滤波为三相，其规格（额定电流、电压）根据其配置的驱动来确定，应安装在变压器之后。若电源滤波器已经装入系统主机，则无须再加装。

（2）配电柜布局 电柜布局通常需要注意几项原则：重的东西放在下面，轻东西放在上面；易发热元件放在电柜上面接近排风口的位置；控制系统与驱动器等功率器件分开放等；驱动器之间的间距不小于 50mm；驱动器与控制系统之间的间距不小于 150mm；驱动器的制动电阻属于易发热元件，尽量靠近排风口位置。

（3）配电柜中的线材选用

1）交流电源线采用多股铜芯线，接地线采用黄绿双色线。

2）驱动信号线必须采用双绞屏蔽线。

3）伺服电动机编码器信号必须采用双绞屏蔽线传输。

4）外部轴反馈（编码器跟踪）信号必须采用双绞屏蔽线传输。

5）模拟量输出信号必须采用双绞屏蔽线传输，线的对数据使用情况而定。

6）与 I/O 扩展板、机器人专用端子板相连的信号线采用多股铜芯线。

7）配电柜与机器人本体之间的电动机线与编码器线必须分开走线，其中编码器线采用双绞屏蔽线，外加蛇波管或波纹管。电动机线采用 BVR 护套线，外加蛇皮管或波纹管。

8）机器人本体内编码器线采用超柔、高折弯、抗扭曲的双绞屏蔽线。

9）机器人本体内电动机线采用超柔、高折弯、抗扭曲护套线，直接从矩形插座引到每个电动机上。

（4）配电柜中的线材走线 走线必须注意强弱电分开的原则，即电源线、电动机线应与驱动信号线、编码器信号线、I/O 信号线分开，且确保最短路径。电源线的分线处尽量与驱动器靠近，出电动机线的矩形插座尽量靠近驱动器，让电动机线以最短路径出配电柜。通常散线安排在线槽内，屏蔽线则不一定，为确保与强电部分的距离，屏蔽线也可架空安装，但必须加以固定。

（5）配电柜中的线材接地

1）接入交流电源线中必须有地线（PE线），若现场没有地线，也可用中性线替代，但必须在配电柜里接线；也可自行接地线，需要准备两根长2.5m的35mm×35mm以上规格的角钢，间距为3m。

2）进线接地线线径不可低于2.5mm^2，进入配电柜后接入接地排。

3）配电柜内每一个电器必须接地（从接地排引接），且线径不可低于1.5mm^2。

4）所有屏蔽线的屏蔽层必须与插头外壳或插座中的接地引脚相连，屏蔽层的编织不少于两股，双端接地。

5）机器人本体上电动机的接地线与电动机动力线一起安排，需经过矩形连接器。

6）电动机编码器线的屏蔽层也必须通过矩形连接器与配电柜到本体屏蔽线的屏蔽层相连，该线的屏蔽层分成6股，与配电柜内每一根编码器的屏蔽层相连，另外还需单独分股屏蔽层接到矩形插座的连接点上，配电柜内也需单从接地排上接一根地线到矩形插座的接地点上。

7）机器人本体需要单独接接地线。

8）为了得到良好的接地性能，建议安装电器的基板采用铜锌板。

（6）配电柜体的密封和散热　配电柜必须考虑密封性，在散热时要考虑对流气流能很好地将热量带到周围空间。如果环境允许，最好加装工业用空调，把配电柜做到较高的密封性等级，以确保电气设备有较好的温度环境。

6.2　机器人控制器

6.2.1　机器人控制器的类型

机器人控制器是根据指令以及传感信息控制机器人完成一定的动作或作业任务的装置，它是机器人的"心脏"，决定了机器人性能的优劣。作为机器人的核心部分，机器人控制器是影响机器人性能的关键部分之一，它从一定程度上影响着机器人的发展。目前，由于人工智能、计算机科学、传感器技术及其他相关学科的长足进步，使得机器人的研究在高水平进行，同时也对机器人控制器的性能提出了更高的要求，对于不同类型的机器人，

微视频6-3
机器人控制器
的类型

如有腿的步行机器人与关节型工业机器人，控制系统的综合方法有较大差别，控制器的设计方案也不一样。

1. 机器人控制器的类型

（1）从机器人控制算法的处理方式看　分为串行、并行两种处理结构。

1）串行处理结构。串行处理结构是指机器人的控制算法是由串行机来处理，对于这种类型的控制器，从计算机结构、控制方式来划分，又可分为以下几种：

① 单CPU结构、集中控制方式。用一台功能较强的计算机实现全部控制功能，在早期的机器人中，如Hero-I，Robot-I等，就采用这种结构，但控制过程中需要许多计算（如坐标变换），因此这种控制结构速度较慢。

② 二级 CPU 结构、主从式控制方式。一级 CPU 为主机，完成系统管理、机器人语言编译和人机接口功能，同时也利用它的运算能力完成坐标变换、轨迹插补，并定时把运算结果作为关节运动的增量送到公用内存，供二级 CPU 读取，二级 CPU 完成全部关节位置数字控制。这类系统的两个 CPU 总线之间基本没有联系，仅通过公用内存交换数据，是一个松耦合的关系，对采用更多的 CPU 进一步分散功能是很困难的。

③ 多 CPU 结构、分布式控制方式。目前，机器人控制器普遍采用这种上/下位机二级分布式结构，上位机负责整个系统管理以及运动学计算、轨迹规划等。下位机由多个 CPU 组成，每个 CPU 控制一个关节运动，这些 CPU 和主控机的联系是通过总线形式的紧耦合，这种结构的控制器工作速度和控制性能明显提高。但这些多 CPU 系统共有的特征都是针对具体问题而采用的功能分布式结构，即每个处理器承担固定任务，目前世界上大多数商品化机器人控制器都是这种结构。控制器计算机控制系统中的位置控制部分，几乎无一例外地采用数字式位置控制。

以上几种类型的控制器都是采用串行机来计算机器人控制算法，它们存在共同的弱点，即计算负担重、实时性差，所以大多采用离线规划和前馈补偿解耦等方法来减轻实时控制中的计算负担，当机器人在运行中受到干扰时其性能将受到影响，更难以保证高速运动中所要求的精度指标。

2）并行处理结构。并行处理技术是提高计算速度的一个重要而有效的手段，能满足机器人控制的实时性要求。关于机器人控制器并行处理技术，人们研究较多的是机器人运动学和动力学的并行算法及其实现。

（2）从机器人结构看 分为以单片机为核心的机器人控制器、以 PLC 为核心的机器人控制器、以工控机为核心的控制器。

1）以单片机为核心的机器人控制器。一般用于服务机器人，它是把单片机嵌入到运动控制器中，能够独立运行并且带有通用接口方式，方便与其他设备通信的控制系统。单片机是单一芯片集成了中央处理器、动态存储器、只读存储器、输入/输出接口等，利用它设计的运动控制器电路原理简洁、运行性能良好、系统成本低。

2）以 PLC 为核心的机器人控制器。一般用于工业机器人。PLC 即可编程逻辑控制器，一种用于自动化实时控制的数位逻辑控制器，专为工业控制设计的计算系统，符合工业环境要求。它是自控技术与计算机技术结合而成的自动化控制产品，广泛应用于目前工业控制的各个领域。以 PLC 为核心的机器人控制系统技术成熟、编程方便，在可靠性、扩展性、对环境的适应性等方面有明显优势，并且有体积小、方便安装维护、互换性强等优点；有整套技术方案供参考，缩短了开发周期。但是和以单片机为核心的机器人控制系统一样，它也不支持先进的复杂的算法，不能进行复杂的数据处理，虽然一般环境可靠性好，但在高频环境下运行不稳定，不能满足机器人系统的多轴联动等复杂的运动轨迹。

3）以工控机为核心的控制器。一般用于工业机器人。基于工控机的控制器是机器人系统应用的主流和发展趋势。基于工控机控制系统的软件开发成本低，系统兼容性好，系统可靠性强，计算能力优势明显，因此由于计算机平台和嵌入式实时系统的使用为动态控制算法和复杂轨迹规划提供了硬件方面的保障。

2. 机器人控制器存在的问题

随着现代科学技术的飞速发展和社会的进步，人们对机器人的性能提出了更高的要求。

智能机器人技术的研究已成为机器人领域的主要发展方向，如各种精密装配机器人、位置混合控制机器人、多肢体协调控制系统以及先进制造系统中的机器人等的研究。相应的，这也对机器人控制器的性能提出了更高的要求。但是，机器人自诞生以来，特别是工业机器人所采用的控制器基本上都是开发者基于自己的独立结构进行，即采用专用计算机、专用机器人语言、专用操作系统、专用微处理器。但这样的机器人控制器已经不能满足现代工业发展的要求。综合起来，现有机器人控制器存在如下问题。

1）开放性差。因为局限于"专用计算机、专用机器人语言、专用微处理器"的封闭式结构，这使得控制器具有特定的功能、适应于特定的环境，但不便于对系统进行扩展和改进。

2）软件独立性差。软件结构及其逻辑结构依赖于处理器硬件，难以在不同的系统间移植。

3）容错性差。由于并行计算中的数据相关性、通信及同步等内在特点，控制器的容错性能变差，其中一个处理器出故障可能导致整个系统瘫痪。

4）扩展性差。目前机器人控制器的研究着重于从关节这一级来改善和提高系统的性能，由于结构的封闭性，人们难以根据需要对系统进行扩展，如增加传感器控制等功能模块。

总体而言，无论串行结构还是并行结构的机器人控制器都不是开放式结构，无论从软件还是硬件都难以扩充和更改，例如商品化的 Motoman 机器人的控制器是不开放的，用户难以根据自己的需要修改、扩充其功能，目前通常的做法是对其详细分析，然后对其改造。

针对结构封闭的机器人控制器的缺陷，开发具有开放式结构的模块化、标准化机器人控制器是当前机器人控制器的一个发展方向。近几年，欧洲一些国家、日本和美国都在开发具有开放式结构的机器人控制器，如日本安川公司基于 PC 开发的具有开放式结构、网络功能的机器人控制器。为了更好地解决机器人控制器问题，我国 863 计划智能机器人主题也已对这方面的研究立项。

开放式结构机器人控制器是指控制器设计的各个层次对用户开放，用户可以方便的扩展和改进其性能，其主要思想如下：

1）利用基于非封闭式计算机平台的开发系统，有效利用标准计算机平台的软/硬件资源为控制器扩展创造条件。

2）利用标准的操作系统，采用标准操作系统和控制语言，可以改变各种专用机器人语言并存且互不兼容的局面。

3）采用标准总线结构，使得为扩展控制器性能而必需的硬件，如各种传感器、I/O 板、运动控制板可以很容易集成到原系统中。

4）利用网络通信，实现资源共享或远程通信。目前，几乎所有的控制器都没有网络功能，利用网络通信功能可以提高系统变化的柔性，可以根据上述思想设计具有开放式结构的机器人控制器，而且设计过程中要尽可能做到模块化。模块化是系统设计和建立的一种现代方法，按模块化方法设计，系统由多种功能模块组成，各模块完整而单一，这样建立起来的系统，不仅性能好、开发周期短而且成本较低。模块化还使系统开放，易于修改、重构和添加配置功能。

3. 新型机器人控制器

新型机器人控制器应有以下特色：

1）开放式系统结构采用开放式软/硬件结构，可以根据需要方便地扩充功能，使其适用于不同类型机器人或自动化生产线。

2）合理的模块化设计对硬件来说，可以根据系统要求和电气特性按模块化设计，这不仅方便了系统的安装和维护，而且提高了系统的可靠性，系统结构也更为紧凑。

3）有效划分不同的子任务，并且由不同的功能模块实现，有利于修改、添加、配置功能。

4）实时性指机器人控制器必须能够在确定的时间内完成对外部中断的处理，并且可以使多个任务同时进行。

5）利用网络通信的功能，以便于实现资源共享或多台机器人协同工作。

6）形象直观的人机接口。

6.2.2　基于单片机的控制器

单片机（Single-Chip Microcomputer）是一种集成电路芯片，是采用超大规模集成电路技术把具有数据处理能力的中央处理器（CPU）、随机存储器（RAM）、只读存储器（ROM）、多种 I/O 接口和中断系统、定时器/计数器等（还包括显示驱动电路、脉宽调制电路、模拟多路转换器、A/D 转换器等电路）集成到一块芯片上，构成的一个小而完善的微型计算机系统，在

微视频6-4
基于单片机
的控制器

工业控制领域广泛应用。单片机又称单片微控制器，它不是完成某一个逻辑功能的芯片，而是把一个计算机系统集成到一个芯片上。相当于一个微型的计算机。和计算机相比，单片机只缺少了 I/O 设备。单片机的体积小、质量轻、成本低，为人们的学习、应用和开发提供了便利条件。同时，学习使用单片机是了解计算机原理与结构的最佳选择。

1. 单片机的组成

单片机主要是由运算器、控制器和寄存器组成。

（1）运算器　运算器由算术逻辑单元（Arithmetic & Logical Unit，ALU）、累加器和寄存器等几部分组成。ALU 的作用是把传来的数据进行算术运算或逻辑运算，如输入来源为两个 8 位数据，分别来自累加器和数据寄存器，ALU 能完成对这两个数据进行加、减、与、或、比较大小等操作，最后将结果存入累加器。运算器所执行的全部操作都是由控制器发出的控制信号来指挥的，并且一个算术操作产生一个运算结果，一个逻辑操作产生一个判决。运算器有两个功能：①执行各种算术运算。②执行各种逻辑运算，并进行逻辑测试，如零值测试或两个值的比较。

（2）控制器　控制器由程序计数器、指令寄存器、指令译码器、时序发生器和操作控制器等组成，是发布命令的"决策机构"，即协调和指挥整个微机系统的操作。微处理器内通过内部总线把 ALU、计数器、寄存器和控制部分互联，并通过外部总线与外部的存储器、输入/输出接口电路连接。外部总线又称为系统总线，分为数据总线 DB、地址总线 AB 和控制总线 CB。通过输入/输出接口电路，实现与各种外围设备连接。其主要功能有：①从内存中取出一条指令，并指出下一条指令在内存中的位置。②对指令进行译码和测试，并产生相应的操作控制信号，以便于执行规定的动作。③指挥并控制 CPU、内存和输入/输出设备之间数据流动的方向。

（3）寄存器

1）累加器（A）。累加器是微处理器中使用最频繁的寄存器。在算术运算和逻辑运算时它有双功能：运算前，用于保存一个操作数；运算后，用于保存所得的和、差或逻辑运算结果。

2）数据寄存器（DR）。数据寄存器通过数据总线向存储器和输入/输出设备送（写）或取（读）数据的暂存单元。它可以保存一条正在译码的指令，也可以保存正在送往存储器中存储的一个数据字节等。

3）指令寄存器（IR）和指令译码器（ID）。指令寄存器用来保存当前正在执行的一条指令。当执行一条指令时，先把它从内存中取到数据寄存器中，然后再传送到指令寄存器。当系统执行给定的指令时，必须对操作码进行译码，以确定所要求的操作，指令译码器就是负责这项工作的。其中，指令寄存器中操作码字段的输出就是指令译码器的输入。

4）程序计数器（PC）。程序计数器用于确定下一条指令的地址，以保证程序能够连续地执行下去，因此通常又被称为指令地址计数器。在程序开始执行前必须将程序第一条指令的内存单元地址（即程序的首地址）送入程序计数器，使它总是指向下一条要执行指令的地址。

5）地址寄存器（AR）。地址寄存器用于保存当前 CPU 所要访问的内存单元或 I/O 设备的地址。由于内存与 CPU 之间存在着速度上的差异，所以必须使用地址寄存器来保持地址信息，直到内存读/写操作完成为止。

2. 单片机的分类

单片机作为计算机发展的一个重要分支领域，根据发展情况，从不同角度，单片机大致可以分为通用型/专用型、总线型/非总线型及工控型/家电型。

（1）通用型/专用型 这是按单片机适用范围来区分的。例如，80C51 式通用型单片机，它不是为某种专门用途设计的。专用型单片机则是针对一类产品甚至某一个产品设计生产的，例如为了满足电子体温计的要求，在片内集成 A/D 转换接口等功能的温度测量控制电路。

（2）总线型/非总线型 这是按单片机是否提供并行总线来区分的。总线型单片机普遍设置并行地址总线、数据总线、控制总线，这些总线引脚用以扩展并行外围器件都可通过串行口与单片机连接。另外许多单片机已把所需要的外围器件及外设接口集成到一个芯片内，因此在许多情况下可以不要并行扩展总线，大大减小封装成本和芯片体积，这类单片机称为非总线型单片机。

（3）工控型/家电型 这是按照单片机大致应用的领域进行区分的。一般而言，工控型单片机寻址范围大，运算能力强；用于家电的单片机多为专用型，通常是小封装、成本低，外围器件和外设接口集成度高。

显然，上述分类并不是唯一的，例如 80C51 类单片机既是通用型又是总线型，还可以作为工控型单片机使用。

3. 单片机的硬件特性

1）系统结构简单，使用方便，实现模块化。

2）可靠性高，可以长时间稳定工作。

3）处理功能强，速度快。

4）低电压、低功耗，便于生产便携式产品。

5）控制功能强。

6）环境适应能力强。

4. 以单片机为核心的控制器的应用

单片机已经渗透到人们生活的各个领域，几乎很难找到哪个领域没有使用单片机。如导弹的导航装置，飞机上各种仪表的控制，计算机的网络通信与数据传输，工业自动化过程的实时控制和数据处理，广泛使用的各种智能 IC 卡，民用豪华轿车的安全保障系统，录像机、摄像机、全自动洗衣机的控制，以及程控玩具、电子宠物等，这些都离不开单片机。更不用说自动控制领域的机器人、智能仪表、医疗器械以及各种智能机械中了。单片机广泛应用于仪器仪表、工业控制、家用电器、网络和通信、医用设备、模块化系统、汽车电子等领域。

（1）仪器仪表　单片机具有体积小、功耗低、控制功能强、扩展灵活、微型化和使用方便等优点，广泛应用于仪器仪表中，结合不同类型的传感器，可实现诸如电压、电流、功率、频率、湿度、温度、流量、速度、厚度、角度、长度、硬度、元素、压力等物理量的测量。采用单片机控制使得仪器仪表实现数字化、智能化、微型化，且功能比起采用电子或数字电路更加强大。例如，精密的测量设备（电压表、功率计、示波器及各种分析仪）。

（2）工业控制　单片机具有体积小、控制功能强、功耗低、环境适应能力强、扩展灵活和使用方便等优点，用单片机可以构成形式多样的控制系统、数据采集系统、通信系统、信号检测系统、无线感知系统、测控系统等应用的工业控制系统。例如，工厂流水线的智能化管理、电梯智能化控制、各种报警系统及计算机联网构成二级控制系统等。

（3）家用电器　家用电器广泛采用了单片机控制，从电饭煲、洗衣机、电冰箱、空调机、彩电、其他音响视频器材，再到电子称量设备和白色家电等。

（4）网络和通信　现代的单片机普遍具备 I/O 通信接口，可以很方便地与计算机进行数据通信，为在计算机网络和通信设备间的应用提供了极好的物质条件，通信设备基本上都实现了单片机智能控制，例如，电话机、小型程控交换机、楼宇自动通信呼叫系统、列车无线通信，日常工作中随处可见的移动电话、集群移动通信、无线电对讲机等。

（5）医用设备　单片机在医用设备中的用途也相当广泛，例如，医用呼吸机、各种分析仪、监护仪、超声诊断设备及病床呼叫系统等。

（6）模块化系统　某些专用单片机设计用于实现特定功能，在各种电路中进行模块化应用，而不要求使用人员了解其内部结构。如音乐集成单片机，看似简单的功能，微缩在纯电子芯片中（有别于磁带机的原理），就需要复杂的类似于计算机的原理。如音乐信号以数字的形式存于存储器中（类似于 ROM），由微控制器读出，转化为模拟音乐电信号（类似于声卡）。在大型电路中，这种模块化应用极大地缩小了芯片体积，简化了电路，并降低了电路损坏率和信号错误率，同时也方便于器件的更换。

（7）汽车电子　单片机在汽车电子中的应用非常广泛，例如，汽车中的发动机控制器、基于 CAN 总线的汽车发动机智能电子控制器、GPS 导航系统、ABS 防抱死系统、制动系统、胎压检测等。此外，单片机在工商、金融、科研、教育、电力、通信、物流和国防航空航天等领域都有着十分广泛的用途。

6.2.3 基于 PLC 的控制器

PLC（Programmable Logic Controller），即可编程逻辑控制器，是一种具有微处理器的数字电子设备，用于自动化控制的数字逻辑控制器，可以将控制指令随时加载到内存中储存与执行。PLC 由内部 CPU、指令及资料内存、输入/输出单元、电源模组、数字模拟等单元组成。它采用一类可编程的存储器，用于其内部存储程序，执行逻辑运算、顺序控制、定时、计数与算术操作等面向用户的指令，并通过数字或模拟式输入/输出控制各种类型的机械或生产过程，是工业控制的核心部分。

微视频6-5
基于PLC的
控制器

PLC 主要是指数字运算操作电子系统的可编程逻辑控制器，用于控制机械的生产过程，广泛应用于目前的工业控制领域。在 PLC 出现之前，一般要使用成百上千的继电器以及计数器才能组成具有相同功能的自动化系统，而现在 PLC 模块基本上已经代替了这些大型装置。PLC 的系统程序一般在出厂前已经初始化完毕，用户可以根据自己的需要自行编辑相应的用户程序来满足不同的自动化生产要求。最初的 PLC 只有电路逻辑控制的功能，所以被命名为可编程逻辑控制器，后来随着技术的不断发展，这些当初功能简单的计算机模块已经有了包括逻辑控制、时序控制、模拟控制、多机通信等功能，可编程逻辑控制器的名称也改为可编程控制器（Programmable Controller），但是由于此名称的简写也是 PC，与个人电脑（Personal Computer）的简写一样，且由于多年来的使用习惯，人们还是经常使用可编程逻辑控制器这一称呼，并在术语中仍沿用 PLC 这一英文缩写。目前，比较知名的 PLC 主要有以下品牌：LG、AB、ABB、松下、西门子、三菱、欧姆龙、台达、富士、施耐德、信捷、汇川等。

1. PLC 的基本结构

PLC 实质是一种专用于工业控制的系统，其硬件结构基本上与微型计算机相同，基本构成如下：

1）电源。PLC 的电源在整个系统中起着十分重要的作用。如果没有一个良好且可靠的电源系统是无法正常工作的，因此 PLC 的制造厂家对电源的设计和制造也十分重视。一般交流电压波动在+10%（+15%）内，所以可以不采取其他措施而将 PLC 直接连接到交流电网上去。

2）中央处理单元（CPU）。CPU 是 PLC 的控制中枢。它按照 PLC 系统程序赋予的功能接收并存储从编程器输入的用户程序和数据；检查电源、存储器、I/O 接口以及警戒定时器的状态，并能诊断用户程序中的语法错误。当 PLC 投入运行时，CPU 首先以扫描的方式接收现场各输入装置的状态和数据，并分别存入 I/O 映象区，然后从用户程序存储器中逐条读取用户程序，经过命令解释后按指令的规定将逻辑运算或算数运算的结果送入 I/O 映象区或数据寄存器内。等所有的用户程序均执行完毕之后，最后将 I/O 映象区的各输出状态或输出寄存器内的数据传送到相应的输出装置，如此循环运行，直到停止运行。为了进一步提高 PLC 的可靠性，近年来对大型 PLC 还采用了双 CPU 构成的冗余式系统，或采用三 CPU 的表决式系统。这样，即使某个 CPU 出现故障，整个系统仍能正常运行。

3）存储器。存放系统软件的存储器称为系统程序存储器，存放应用软件的存储器称为用户程序存储器。

4）输入/输出接口电路。现场输入接口电路由光耦合电路和计算机输入接口电路组成，是 PLC 与现场控制接口界面的输入通道。现场输出接口电路由输出数据寄存器、选通电路和中断请求电路组成，PLC 通过现场输出接口电路向现场的执行部件输出相应的控制信号。

5）功能模块。如计数、定位等功能模块。

6）通信模块。如以太网、RS485、Profibus-DP 通信模块等。

2. PLC 的优缺点

PLC 的优越性表现在以下几个方面：

1）配置方便。可确定需要使用哪个厂家的 PLC、哪种类型的 PLC、使用什么模块、需要多少模块，这些内容确定后，可再到市场上选择。

2）安装方便。PLC 安装简单、组装容易。外部接线有接线器，其接线简单，而且一次接好后，当需要更换模块时，把接线器安装到新模块上即可，不必再接线。PLC 的内部只要做些必要的 DIP 开关设定或软件设定，以及编制好用户程序即可。

3）编程方便。PLC 内部虽然没有实际的时间继电器、计数器等，但通过程序（软件）与系统内存，这些器件实实在在地存在着，其数量之多是继电器控制系统难以想象的。即使是小型的 PLC，内部继电器数量都可以千计。而且，这些继电器的接点可无限次地使用。同时 PLC 内部逻辑器件很多，唯一考虑的是控制点数。大型 PLC 的控制点数可达万点以上，若不够，还可以联网进行控制。PLC 的指令系统也非常丰富，可实现各种开关量以及模拟量的控制。PLC 还有存储数据的内存区，可存储控制过程中所有要保存的信息。

由于 PLC 功能强大，要发挥其在控制系统的作用需要让 PLC 与其配套的其他硬件设施配合好。PLC 的外设很丰富，编程器种类很多，使用起来较方便，数据监控器还可监控 PLC 的工作。与 PLC 配套使用的软件也很多，不仅可用类似于继电电路设计的梯形图语言，有的还可使用 BASIC 语言、C 语言，或自然语言，这些也为 PLC 编程提供了方便。PLC 的程序便于存储、移植及再使用，例如某定型产品用的 PLC 程序完善之后，这种产品都可使用 PLC 程序，每一台产品复制一份程序即可。与继电器电路每一台设备都要接线、调试的工作过程相比，要省时且简单。

4）维修方便。PLC 工作可靠，出现故障的情况不多，这大大减少了维修的工作量，即使 PLC 出现故障，维修起来也很方便。这是因为 PLC 设有很多故障提示信号，如 PLC 支持内存保持数据的电池电压不足，相应的就有电压低信号指示，而且 PLC 本身还可作故障情况记录。所以，即使 PLC 出现故障，诊断也方便。同时，诊断出故障后的排除故障也很简单，可按模块排除故障，而模块的备件大部分都可以买到，进行简单的更换即可。而软件只要依据使用经验进行调整，使之完善即可。

5）改用方便。PLC 用于某设备，若这个设备不再使用了，其所用的 PLC 还可以用于别的设备，只要改编一下程序即可。如果原设备与新设备差别较大，PLC 的一些模块还可重用。

当然，PLC 也有缺陷：PLC 的体系结构是封闭的，各 PLC 厂家的硬件体系互不兼容，编程语言及指令系统也各异，当用户选择了一种 PLC 产品后，必须选择与其相应的控制规程，并且学习特定的编程语言。

6.2.4 基于工控机的控制器

工控机（Industrial Personal Computer, IPC）即工业控制计算机，是一种加固的增强型个人计算机，是一种采用总线结构，对生产过程及机电设备、工艺装备进行检测与控制的工具总称。工控机具有重要的计算机属性和特征，如具有计算机 CPU、硬盘、内存、外设及接口，并有操作系统、控制网络和协议、计算能力、友好的人机界面。工控行业的产品和技术非常特殊，属于中间产品，其为其他各行业提供可靠、嵌入式、智能化的工业计算机，经常会在比较恶劣的环境下运行，对数据的安全性要求也更高，所以工控机通常会进行加固、防尘、防潮、防腐蚀、防辐射等特殊设计。

微视频6-6
基于工控机
的控制器

1. 工控机的分类

工控机经常在恶劣的环境下使用，对产品的易维护性、散热、防尘、产品周期甚至尺寸方面都有着严格的要求，因此在设计和选择工控机平台的时候，应更多地考虑机构的设计，然后才是对性能等的考虑。

（1）按高度分类 一般分 1U（44mm×430mm×XX）、2U（88mm×430mm×XX）、3U、4U（176mm×430mm×XX）、5U、6U、7U、8U 等，一个 1U 的高度是 44mm，宽度是 430mm，其他高度依次类推，长度可调节。

（2）按长度分类 国际标准的长度有 450mm 与 505mm 两种，根据用户的具体要求还可以扩分其他长度，比如 480mm、500mm、520mm、530mm、600mm 等。其中 450mm～520mm 尺寸的机箱占市场需求的 90% 以上。加长型机箱的作用主要有以下 3 个：第一是安装双 CPU 的主板，机箱长度必须要 520mm 才能安装这样的大板；第二是安装工业 CPU 长卡或者是 300mm 长度的视频卡等需要足够的扩展空间；第三是对于散热空间的考虑，由于有些监控用户需要安装多路视频卡与多个硬盘，比如 64 路、128 路等，所以空间中的多个硬盘就需要很好的散热效果。

（3）按悬挂形式分类 一般有卧式与壁挂式。由于某些设备厂商需要把控制中心放置在其设备之中，因此对工控机的体积有较为严格的要求。传统的上架式 19in 机箱体积基本很难满足要求，因此针对此种用户需求，推出了壁挂式的机箱。

（4）按使用场合分类 目前工控机的主要类别有：工业控制计算机（IPC）、可编程控制器（PLC）、分散型控制系统（DCS）、现场总线控制系统（FCS）及计算机数字控制系统（CNC）五种。

1）工业控制计算机（IPC）。据统计，目前 PC 已占到通用计算机的 95% 以上，因其成本低、质量高、产量大、软/硬件资源丰富，已被广大的技术人员所熟悉和认可，这正是工业计算机热度持续上升的基础。IPC 主要的组成部分为工业机箱、无源底板及可插入其上的各种板卡组成，如 CPU 卡、I/O 卡等，并采取全钢机壳、机卡压条过滤网。双正压风扇等设计及 EMC（Electromagnetic Compatibility）技术解决工业现场的电磁干扰、振动、灰尘、高/低温等问题。IPC 有以下特点：

① 可靠性：IPC 具有在粉尘、烟雾、高/低温、潮湿、振动、腐蚀和快速诊断和可维护性，其平均恢复时间（Mean Time to Repair, MTTR）一般为 5min，修复前平均时间（Mean Time to Failure, MTTF）在 10 万 h 以上，而普通 PC 的 MTTF 仅为 10000～15000h。

② 实时性：IPC 对工业生产过程进行实时在线检测与控制，对工作状况的变化给予快速响应，及时进行采集和输出调节，即看门狗功能，这是普通 PC 所不具有的，遇险自复位，保证系统的正常运行。

③ 扩充性：IPC 由于采用底板 +CPU 卡结构，因而具有很强的输入/输出功能，最多可扩充 20 个板卡，能与工业现场的各种外设、板卡如与道控制器、视频监控系统、车辆检测仪等相连，以完成各种任务。

④ 兼容性：能同时利用 ISA 与 PCI 及 PICMG 资源，并支持各种操作系统、多种语言汇编、多任务操作系统。

2）可编程控制器（PLC）。PLC 是一种专门为在工业环境下应用而设计的数字运算操作电子系统。它采用一种可编程的存储器，在其内部存储执行逻辑运算、顺序控制、定时、计数和算术运算等操作的指令，通过数字式或模拟式的输入/输出来控制各种类型的机械设备或生产过程。

3）分散型控制系统（Distributed Control System，DCS）。DCS 是计算机技术与自动化控制技术相结合而开发的一种适用于工业环境的新型通用自动控制装置，是作为传统继电器的替换产品而出现的。随着微电子技术和计算机技术的迅猛发展，DCS 更多地具有了计算机的功能，不仅能实现逻辑控制，还具有了数据处理、通信、网络等功能。由于它可通过软件来改变控制过程，而且具有体积小、组装维护方便、编程简单、可靠性高、抗干扰能力强等特点，已广泛应用于工业控制的各个领域，大大推进了机电一体化的进程。DCS 是一种高性能、高质量、低成本、配置灵活的分散控制系统系列产品，可以构成各种独立的控制系统、分散控制系统、数据采集和监控系统（SCADA），能满足各种工业领域对过程控制和信息管理的需求。此系统的模块化设计、合理的软/硬件功能配置和易于扩展的能力，能广泛用于各种大、中、小型电站的分散型控制、发电厂自动化系统的改造以及钢铁、石化、造纸、水泥等工业生产过程控制。

4）现场总线控制系统（Fieldbus Control System，FCS）。FCS 是全数字串行、双向通信系统。系统内测量和控制设备如探头、激励器和控制器可相互连接、监测和控制。在工厂网络的分级中，它既可作为过程控制（如 PLC、LC 等）和应用智能仪表（如变频器、阀门、条码阅读器等）的局部网，又具有在网络上分布控制应用的内嵌功能。由于其广阔的应用前景，众多国外有实力的厂家相继进行产品开发。目前，国际上已知的现场总线类型有四十余种，比较典型的现场总线有 FF、Profibus、LONworks、CAN、HART、CC-LINK 等。

5）计算机数字控制系统（Computer Numerical Control，CNC）。CNC 是采用微处理器或专用微机的数控系统，由事先存放在存储器里的系统程序（软件）来实现控制逻辑，实现部分或全部数控功能，并通过接口与外围设备进行联接。数控机床是以数控系统为代表的新技术对传统机械制造产业的渗透形成的机电一体化产品，其技术范围覆盖很多领域，包括：机械制造技术；信息处理、加工、传输技术；自动控制技术；伺服驱动技术；传感器技术；软件技术等。

2. 工控机的主要组成结构

1）硬盘架、光驱架：硬盘架一般分分拆式和压卡式两种。品质优异的机箱一般都带金属弹簧防振功能；安装硬盘数量一般有 4~15 个；

2）底板：底板的规格有多种，主要以主板的规格来划分，普通的主板一般都可以安装，其中520mm以下长度的机箱是安装不了双至强大板的主板的，必须要520mm长度的机箱才能安装。

3）压卡条：主要起固定作用。有安防监控的安装视频长卡，或者是工业CPU长卡时，必须固定长卡，以免使用过程中出现晃动或不牢固等现象。

4）后槽的扩展：有7槽或14槽两种。14槽背板主要的用途是安装多路视频卡，比如有些大型的监控系统需要64路或者128路时，必须换成14槽的背板。

5）工控机箱的导热：散热结构的合理性是关系到计算机能否稳定工作的重要因素。

6）工控机箱的抗振：工控机箱在工作的时候，由于机箱内部的光驱、硬盘、机箱里的多个风扇在高速运转的时候都会产生振动，而振动很容易导致光盘读错和硬盘磁道损坏以致丢失数据，所以机箱的抗振性也是机箱关键的一个结构设计方案。

7）工控机箱的电磁屏蔽：主机在工作的时候，主板、CPU、内存和各种板卡都会产生大量的电磁辐射，如果不加以防范也会对人体造成一定伤害。这个时候机箱就成为屏蔽电磁辐射、保护人们健康的一道重要防线。屏蔽良好的机箱还可以有效地阻隔外部辐射干扰，保证计算机内部配件不受外部辐射影响。同时工控机箱为了增加散热效果，机箱上必要的部分都会开孔，包括箱体侧板孔、抽气扇进风孔和排气扇排风孔等，所以孔的形状必须符合阻挡辐射的技术要求。机箱上的开孔要尽量小，而且要尽量采用阻隔辐射能力较强的圆孔。还要注意各种指示灯和开关接线的电磁屏蔽。比较长的连接线需要设计成绞线，线两端裸露的焊接金属部分必须用胶套包裹，这样就避免了机箱内用电线路产生的电磁辐射。

8）无源底板：无源底板的插槽由总线扩展槽组成。总线扩展槽可依据用户的实际应用选用扩展ISA总线、PCI总线和PCI-E总线、PCIMG总线的多个插槽组成，扩展插槽的数量和位置根据需要有一定选择，但依据不同PCIMG总线规范版本，各种总线在组合搭配上有要求，如PCIMG1.3版本总线不提供ISA总线支持，该板为四层结构，中间两层分别为地层和电源层，这种结构方式可以减弱底板上逻辑信号的相互干扰和降低电源阻抗。底板可插接各种板卡，包括CPU卡、显示卡、控制卡、I/O卡等。

9）工业电源：早期在以Intel奔腾处理器为主的工控机主要使用的是AT开关电源，与PC一样主要采用的是ATX电源，平均无故障运行时间达到250000h。

10）CPU卡：IPC的CPU卡有多种，根据尺寸可分为长卡和半长卡，多采用的是桌面式系统处理器，如早期的386\486\586\PIII，现在主流的为酷睿双核等处理器，主板用户可视自己的需要任意选配。其主要特点是工作温度0~60℃；带有硬件"看门狗"计时器；也有部分要求低功耗的CPU卡采用的是嵌入式系列的CPU。

11）其他配件：IPC的其他配件基本上都与PC兼容，主要有CPU、内存、显卡、硬盘、软驱、键盘、鼠标、光驱、显示器等。

3. 工控机的应用

工控机已广泛应用于工业领域及人们生活的方方面面。例如控制现场、路桥控制收费系统、医疗仪器、环境保护监测、通信保障、智能交通管控系统、楼宇监控安防、语音呼叫中心、排队机、POS柜台收银机、数控机床、加油机、金融信息处理、石化数据采集处理、物探、野外便携作业、环保、军工、电力、铁路、高速公路、航天、地铁、智能楼宇、户外广告等。

4. 工控机控制器的优缺点

工控机可以说就是专门为工业现场而设计的计算机，而工业现场一般具有强烈的振动，灰尘特别多，另有很高的电磁场力干扰等问题，且一般工厂均是连续作业。因此，工控机与普通计算机相比具有以下优点：①机箱采用钢结构，有较高的防磁、防尘、防冲击的能力；②机箱内有专用底板，底板上有 PCI 和 ISA 插槽；③机箱内有专门电源，电源有较强的抗干扰能力；④要求具有连续长时间工作能力；⑤一般采用便于安装的标准机箱（4U 标准机箱较为常见）；尽管工控机与普通的商用计算机相比，具有得天独厚的优势，但其劣势也是非常明显的，具体如下：①配置硬盘容量小；②数据安全性低；③存储选择性小；④成本较高。

6.3 机器人传感器

6.3.1 光电传感器

光电传感器是采用光电元件作为检测元件的传感器，它首先把被测量的信号转换成光信号，然后借助光电元件进一步将光信号转换成电信号。其基本原理是以光电效应为基础，把被测量的信号转换成光信号，然后借助光电元件进一步将非电信号转换成电信号。光电效应是指用光照射某一物体，可以看作是一连串带有一定能量的光子到达这个物体上，此时光子能量就传递给电子，并且是一个光子的全部能量一次性地被一个电子所吸收，

微视频6-7
光电传感器

电子得到光子传递的能量后其状态就会发生变化，从而使受光照射的物体产生相应的电效应。

光电效应分为 3 类：①在光线作用下能使电子逸出物体表面的现象称为外光电效应，如光电管、光电倍增管等产生的效应；②在光线作用下能使物体的电阻率改变的现象称为内光电效应，如光敏电阻、光电晶体管等产生的效应；③在光线作用下，物体产生一定方向电动势的现象称为光生伏特效应，如光电池等产生的效应。

1. 光电传感器分类

（1）槽型光电传感器　把一个光发射器和一个光接收器面对面地装在一个槽的两侧组成槽形光电。光发射器能发出红外光或可见光，在无阻情况下光接收器能收到光。但当被检测物体从槽中通过时，光被遮挡，光电传感器便动作，输出一个开关控制信号，切断或接通负载电流，从而完成一次控制动作。槽形光电传感器的检测距离因为受整体结构的限制一般只有几厘米。

（2）对射型光电传感器　若把光发射器和光接收器分离开，就可使检测距离加大，一个光发射器和一个光接收器组成对射分离型光电传感器，简称对射型光电传感器。对射型光电传感器的检测距离可达几米乃至几十米。使用对射型光电传感器时把光发射器和光接收器分别安装在检测物通过路径的两侧，检测物通过时阻挡光路，光接收器就动作输出一个开关控制信号。

（3）反光板反射型光电开关　把光发射器和光接收器装入同一个装置内，在前方安装一块反光板，利用反射原理完成光电控制作用，称为反光板反射型（或反射镜反射型）光电开关。正常情况下，光发射器发出的光源被反光板反射回来再被光接收器收到；一旦被检

测物挡住光，光接收器收不到光时，光电开关就动作，输出一个开关控制信号。

（4）扩散反射型光电开关　扩散反射型光电开关的检测头里也安装有一个光发射器和一个光接收器，但扩散反射型光电开关前方没有反光板，所以正常情况下光发射器发出的光，光接收器是找不到的。在检测时，当检测物通过时挡住了光，并把光部分反射回来，光接收器就收到了光信号，再输出一个开关信号。

2. 光电传感器的工作原理

光电传感器是通过把光强度的变化转换成电信号的变化来实现控制的。在一般情况下，光电传感器主要由三部分构成，分为发送器、接收器和检测电路。

1）发送器对准目标发射光束，发射的光束一般来源于半导体光源，即发光二极管（LED）、激光二极管及红外发射二极管。光束可以不间断地发射，或者改变脉冲宽度后再发射。发送器带一个校准镜头，其将光聚焦后射向接收器，接收器由电缆将这套装置接到一个真空管放大器上。在金属圆筒内有一些小的白炽灯作为光源，这些白炽灯就是如今光电传感器的雏形。

2）接收器由光电二极管、光电晶体管、光电池组成，光电二极管是现在最常见的传感器之一。光电传感器中光电二极管的外形与一般二极管几乎一样，区别仅在于它的管壳上开有一个嵌着玻璃的窗口，以便于光线射入，为增加受光面积，其 PN 结的面积做得较大，光电二极管工作在反向偏置的工作状态下，并与负载电阻相串联。当无光照时，它与普通二极管一样，反向电流很小，称为光电二极管的暗电流；当有光照时，载流子被激发，产生电子-空穴，称为光电载流子。在接收器的前面，还装有光学元件，如透镜和光圈等。

3）检测电路在接收器的后面，它能过滤出有效信号并应用该信号。

3. 光电传感器的特点

1）检测距离长。如果在对射型光电传感器中保留 10m 以上的检测距离，便能实现其他检测手段（磁性、超声波等）无法完成的远距离检测。

2）对检测物体的限制少。由于以检测物体引起的遮光和反射为检测原理，所以它不像接近传感器等将检测物体限定为金属材料，它可对玻璃、塑料、木材、液体等几乎所有物体进行检测。

3）响应时间短。光本身为高速，并且光电传感器的电路都由电子元器件构成，不包含机械性工作时间，所以响应时间非常短。

4）分辨率高。能通过高级设计技术使投光光束集中在小光点，或通过构成特殊的受光光学系统来实现高分辨率。也可进行微小物体的检测和高精度的位置检测。

5）可实现非接触的检测。无须机械性地接触检测物体实现检测，因此不会对检测物体和传感器造成损伤。光电传感器的使用寿命更长。

6）可实现颜色判别。通过检测物体形成的光反射率和吸收率，根据被投光的光线波长和检测物体的颜色组合而有所差异。利用这种性质，可对检测物体的颜色进行检测。

7）便于调整。在投射可视光的类型中，投光光束是眼睛可见的，便于对检测物体的位置进行调整。

4. 光电传感器的应用

用光电元件作敏感元件的光电传感器，如图 6-8 所示，其种类繁多，用途广泛。

（1）烟尘浊度监测仪　防治工业烟尘污染是环保的重要任务之一。为了消除工业烟尘

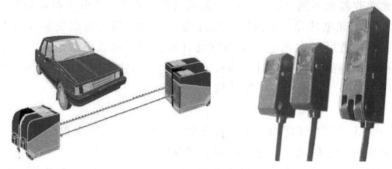

图 6-8　光电传感器的应用

污染，首先要知道烟尘排放量，因此必须对烟尘源进行监测、自动显示和超标报警。烟道里的烟尘浊度可通过光在烟道里传输过程中的变化大小来检测。如果烟道浊度增加，光源发出的光被烟尘颗粒的吸收和折射增加，到达光电传感器的光减少，因而光电传感器输出信号的强弱便可反映烟道浊度的变化。

（2）条形码扫描笔　当条形码扫描笔的笔头在条形码上移动时，若遇到黑色线条，发光二极管发出的光线将被吸收，光电晶体管接收不到反射光，呈高阻抗状态，光电晶体管处于截止状态。当遇到白色间隔时，发光二极管所发出的光线被反射到光电晶体管的基极，光电晶体管产生光电流而导通。整个条形码被扫描过之后，光电晶体管将接收到的信号转变为一个个电脉冲信号，该信号经放大器、整形电路后便形成脉冲列，再经计算机处理，完成对条形码信息的识别。

（3）产品计数器　产品在传送带上运行时，不断地遮挡光源到光电传感器的光路，使光电脉冲电路产生一个个电脉冲信号。产品每遮光一次，光电传感器电路便产生一个脉冲信号，因此输出的脉冲信号数即代表产品的数目，该脉冲信号经计数电路计数并由显示电路显示出来。

（4）光电式烟雾报警器　没有烟雾时，发光二极管发出的光线直线传播，光电晶体管没有接收到信号，即没有输出；有烟雾时，发光二极管发出的光线被烟雾颗粒折射，光电晶体管接收到光线，即有信号输出，烟雾报警器发出报警。

（5）测量转速　在电动机的旋转轴上涂上黑白两种颜色，转动时，反射光与不反射光交替出现，光电传感器间断地接收光的反射信号，并输出间断的电信号，再经放大器及整形电路后输出方波信号，最后由电子数字显示器输出电动机的转速。

（6）光电池在光电检测和自动控制方面的应用　光电池应用在光电探测方面时，其基本原理与光电二极管相同，但它们的基本结构和制造工艺不完全相同。由于光电池工作时不需要外加电压，且其有光电转换效率高、光谱范围宽、频率特性好、噪声低等优点，已广泛地用于光电读出、光电耦合、光栅测距、激光准直、电影还音、紫外光监视器和燃气轮机的熄火保护装置等领域与设备中。

6.3.2　色敏传感器

色敏传感器是由光电二极管和滤色器构成的一种传感器，实际上它是一种新型的半导体光敏元器件，其核心部件就是光电二极管，它也是基于半导体的内光效应，将光信号转变成为电信号的光辐射探测元器件，如图6-9所示。

图6-9 色敏传感器

1. 色敏传感器的分类

（1）硒光电池　硒光电池是最古老的光电探测器件，其特点是光谱响应几乎与人眼一样，常用于高端设备。

（2）硅光电二极管和光电晶体管　在光照条件下硅光敏二极管的短路电流与光能成正比；光电晶体管是在把光信号变为电信号的同时，还将信号电流放大。二者灵敏度很高，但光谱相应曲线与人眼相差较远，很难与滤色片配合达到满意的效果。

（3）半导体色敏器件　即双结光电二极管，是半导体光敏传感器的一种，是基于内光电效应将光信号转换为电信号的光辐射探测器件。可直接测量从可见光到近红外波段内单色辐射的波长，是一种新型的光敏器件。

（4）非晶硅色敏传感器　目前已有三种类型的产品实用化。即可见光传感器，这种传感器是指在整个可见光范围内都具有灵敏度的全谱系传感器；非晶硅单色彩传感器，这是一种能识别红、绿、蓝等特定颜色的彩色传感器；非晶硅集成性全色彩色传感器，这是一种除基色外还能识别中间颜色的彩色传感器。

2. 色敏传感器的基本原理

色敏传感器之所以能够识别颜色，其理论基础就是依据光的吸收特性，当入射到光电二极管上的光照强度保持一定时，输出的光电流随入射光波长的变化而发生变化，实践表示，光电二极管的光谱特性，从PN结表面开始，随结的深度变化而变化。这样由于光的波长不同，便可反映出颜色的差异。

3. 色敏传感器的基本特性

（1）光谱特性　色敏传感器的光谱特性是表示它所能检测的波长范围，不同型号之间略有差别。

（2）短路电流比-波长特性　短路电流比-波长特性是表征色敏传感器对波长的识别能力，是确定被测波长的基本特性。

（3）温度特性　由于色敏传感器测定的是两只处在同一块材料上、具有相同温度系数的光电二极管，这种内部补偿作用使色敏传感器的短路电流比对温度不十分敏感，所以通常可不考虑温度的影响。

4. 色敏传感器应用

颜色识别在现代生产中的应用越来越广泛，无论是遥感技术、工业过程控制、材料分拣识别、图像处理、产品质检、机器人视觉系统，还是某些模糊的探测系统都需要对颜色进行探测，而色敏传感器的相关技术正在飞速发展，生产过程中长期由人眼起主导作用的颜色识别工作将越来越多地被色敏传感器所替代。

6.3.3 红外传感器

红外线技术在测速系统中已经得到了广泛应用，许多产品已运用红外线技术实现车辆测速、探测等研究。红外线应用于速度测量领域时，最难克服的是受强太阳光等多种含有红外线的光源干扰。外界光源的干扰成为红外线应用于野外环境的阻碍之一。针对此问题，这里提出一种红外线测速传感器设计方案，该设计方案能够为多点测量即时速度和阶段加速度提供技术支持，可应用于公路测速和生产线下物料的速度称量等工业生产中

微视频6-9
红外传感器

需要测量速度的环节。红外线对射管的驱动分为电平型和脉冲型两种驱动方式，由红外线对射管阵列组成分离型光电传感器，该传感器的创新点在于能够抵抗外界的强光干扰。太阳光中含有对红外线接收器产生干扰的光线，其能够将红外线接收二极管导通，使系统产生误判，甚至导致整个系统瘫痪。这种传感器的优点在于能够设置多点采集，对射管阵列的间距和阵列数量可根据需求选取。

1. 红外传感器分类

红外传感器是用红外线为介质的测量系统，如图 6-10 所示。

（1）按照功能可分成五类 ①辐射计，用于辐射和光谱测量；②搜索和跟踪系统，用于搜索和跟踪红外目标，确定其空间位置并对它的运动进行跟踪；③热成像系统，可产生整个目标红外辐射的分布图像；④红外测距和通信系统；⑤混合系统，是指以上各类系统中的两个或者多个的组合。

（2）按照探测机理可分成两类 光子探测器（基于光电效应）和热探测器（基于热效应）。

图 6-10 红外传感器

2. 红外传感器工作原理

红外系统可以完成相应物理量的测量，其核心是红外探测器，按照探测原理的不同，可以分为热探测器和光子探测器两大类，下面以热探测器为例来分析探测器的原理。热探测器是利用辐射热效应，使探测元件接收到辐射能后引起温度升高，进而使探测器中依赖于温度

的性能发生变化。检测其中某一性能的变化，便可探测出辐射。多数情况下是通过热电变化来探测辐射的。当元件接收辐射，引起非电量的物理变化时，可以通过适当的变换后测量相应的电量变化。

3. 红外传感器的检测应用过程

（1）待测目标　根据待测目标的红外辐射特性可进行红外系统的设定。

（2）大气衰减　待测目标的红外辐射通过地球大气层时，由于气体分子和各种气体以及各种溶胶粒的散射和吸收，将使得红外源发出的红外辐射发生衰减。

（3）光学接收器　它接收目标的部分红外辐射并传输给红外传感器，相当于完成雷达天线的工作，常用器件是物镜。

（4）辐射调制器　将来自待测目标的辐射调制成交变的辐射光，提供目标方位信息，并可滤除大面积的干扰信号。其又称为调制盘和斩波器，具有多种结构。

（5）红外探测器　这是红外系统的核心，它是利用红外辐射与物质相互作用所呈现出来的物理效应探测红外辐射的传感器，多数情况下是利用这种相互作用呈现出电学效应。此类探测器可分为光子探测器和热敏感探测器两大类型。

（6）探测器制冷器　由于某些探测器必须在高温下工作，所以相应的系统必须有制冷设备。经过制冷，设备可以缩短响应时间，提高探测灵敏度。

（7）信号处理系统　将探测的信号进行放大、滤波，并从这些信号中提取出信息，然后将此类信息转化成为所需要的格式，最后输送到控制设备或者显示设备中。

（8）显示设备　这是红外设备的终端设备，常用的显示设备有示波器、显像管、红外感光材料、指示仪器和记录仪等。

6.3.4　磁感应传感器

磁感应传感器就是把磁场、电流、应力应变、温度、光等引起敏感元件磁性能的变化转换成电信号，以这种方式来检测相应物理量的传感器，如图6-11所示。磁感应传感器在工业领域应用很广，且呈快速增长的趋势。

微视频6-10
磁感应传感器

图6-11　磁感应传感器

1. 磁感应传感器分类

磁感应传感器分为三类：指南针、磁场感应器、位置传感器。

1）指南针：地球周围空间分布着磁场，能够检测地球表面磁场的大部分可以作为指南针。

2）磁场感应器：磁场传感器也是电流传感器，它可以用在家用电器、智能电网、电动车、风力发电等设备及领域中。

3）位置传感器：一个磁体和磁感应传感器相互之间有位置变化，如果这个位置变化是线性信号使用的就是线性传感器，如果是转动信号使用的就是转动传感器。

2. 磁感应传感器的工作原理

磁感应传感器的种类很多，它们的工作原理都不一样。这里以常用的磁电感应式传感器为例讲解磁感应传感器的工作原理：根据电磁感应定律，N 匝线圈在磁场中运动切割磁力线，线圈内产生感应电动势 e，e 的大小与穿过线圈的磁通 Φ 变化率有关。

3. 磁感应传感器的特点

1）高灵敏度。若被检测信号的强度越来越弱，就需要高灵敏度的磁感应传感器，应用方面包括电流传感器、角度传感器、齿轮传感器、太空环境测量等。

2）温度稳定性。传感器应用领域越来越广，且工作环境越来越严酷，这就要求磁感应传感器必须具有很好的温度稳定性，例如在汽车电子行业中的应用。

3）抗干扰性。在很多领域里传感器的使用环境没有任何屏蔽，这就要求传感器本身具有很好的抗干扰性，包括汽车电子、水表等。

4）小型化、集成化、智能化。磁感应传感器要想达到上述要求，就需要具备芯片级集成、模块级集成、产品级集成。

5）高频特性。随着应用领域的推广，磁感应传感器的工作频率越来越高，应用领域包括水表、汽车电子行业、信息记录行业。

6）低功耗。很多领域要求磁感应传感器本身的功耗极低，目的是延长传感器的使用寿命，例如植入身体内磁性生物芯片、指南针等。

4. 磁感应传感器构成

不同工作原理的磁感应传感器的组成结构不一样。这里以磁电式传感器和磁电式振动传感器来讲解它们的结构组成。磁电式传感器构成：①磁路系统，由它产生恒定直流磁场，为了减小传感器的体积，一般都采用永久磁铁；②线圈，由它运动切割磁力线产生感应电动势，作为一个完整的磁电式传感器，除了磁路系统和线圈外，还包括一些其他元器件，如壳体、支承、阻尼器、接线装置等。磁电式振动传感器构成：弹簧片、永久磁铁、阻尼器、引线、芯杆、外壳、线圈。

5. 磁感应传感器的应用

磁感应传感器的应用十分广泛，在国民经济、国防建设、科学技术、医疗卫生等领域都发挥着重要作用，并成为现代传感器产业的一个主要分支。在传统产业应用和改造、资源探查和综合利用、环境保护、生物工程、交通智能化管制等各个方面，它发挥着越来越重要的作用。

1）磁感应传感器应用于能源管理。电网的自动检测系统需采集大量的数据，经计算机处理之后，对电网的运行状况实施监控，并进行负载的分配调节和安全保护。自动监控系统的各个控制环节，都可使用以磁感应传感器为基础的电流传感器、互感器等来实现。霍尔电流传感器作为磁感应传感器中的一款，已逐步在电网系统中得到应用。用霍尔器件做成的电度表已从研制逐步转向实用化，它们可自动计费并可显示功率因数，以便随时进行调整，保证高效用电。

2）磁感应传感器应用于计算机读写磁头。磁信息记录装置除磁带、磁盘等之外，还有磁卡、磁墨水记录账册、钞票的磁记录等，相关行业对磁信息存储和读出传感器有巨大需求，感应磁头、薄膜磁阻磁头、非晶磁头等都获得了大量的使用。随着记录密度的提高，需要更高灵敏度和空间分辨力的磁头。以多层金属薄膜为基础的巨磁阻磁头、用非晶合金丝制作的非晶合金磁头、巨磁阻抗磁头等正相继进入相关领域。

3）磁感应传感器应用于汽车工业。在汽车中，会使用大量的电动机（高级汽车每辆约需 40~60 台电动机，一般汽车中也有 15 台，这些电动机呈现出无刷化趋势），其中使用磁感应传感器的数量之大，不言而喻。另一个大量使用磁感应传感器的是汽车的 ABS 系统（防抱制动系统），平均每台汽车要使用 4~6 只速度传感器，使用的主要是感应式速度传感器。目前正在逐步推广的是新型霍尔齿轮传感器，威氏器件、非晶器件、磁阻器件等也正在进入这一领域。另外还有汽车发动机系统点火定时用的速度传感器及点火器，也主要使用感应传感器。霍尔齿轮传感器和霍尔片开关已经在一些车型中使用。

4）磁感应传感器应用于环境监测。环境保护的前提是对各个环境参数的监测，如温度、气压、大气成分、噪声等，这里需要大量使用多种传感器。采用强磁致伸缩非晶磁弹微型磁感应传感器，可以同时测量真空或密闭空间的温度和气压，而且不用连接插件，可以遥测和远距离访问。在食品包装、环境科学实验等方面，应用前景广阔。

5）磁感应传感器应用于智能家居。在智能家居门禁系统中门磁开关的作用是负责门磁通电否，通电带磁（闭门），断电消磁（开门），门磁安装于门与门套上，开关安装于屋内，配合自动闭门器使用，一般可承受 150kg 的拉力。有线门磁为嵌入式，使安装更加隐蔽，感应门窗的开合，适用于木质或铝合金门窗发出有线常闭/常开开关信号。门磁是用来探测门、窗、抽屉等是否被非法打开或移动，它由无线发射器和磁块两部分组成。

6.3.5 压力传感器

压力传感器（Pressure Transducer）是能感受压力信号，并能按照一定的规律将压力信号转换成可用的输出电信号的器件或装置，如图 6-12 所示。压力传感器通常由压力敏感元件和信号处理单元组成。

图 6-12 压力传感器

1. 压力传感器分类

压力传感器是使用最为广泛的传感器之一，传统的压力传感器以机械结构型的器件为主，以弹性元件的形变指示压力，但这种结构尺寸大、质量重，不能提供电学输出。随着半导体技术的发展，半导体压力传感器也应运而生。其特点是体积小、质量轻、准确度高、温度特性好，特别是随着微机电系统（MEMS）技术的发展，半导体传感器向着微型化发展，而且其功耗小、可靠性高。

（1）扩散硅压力变送器　扩散硅压力变送器是把带隔离的硅压阻式压力敏感元件封装于不锈钢壳体内制作而成，它能将感受到的液体或气体压力转换成标准的电信号对外输出，例如DATA-52系列扩散硅压力变送器广泛应用于供/排水、热力、石油、化工、冶金等工业过程现场测量和控制。

（2）半导体压电阻抗扩散压力传感器　半导体压电阻抗扩散压力传感器是在薄片表面形成半导体变形压力，通过外力（压力）使薄片变形而产生压电阻抗效果，从而使阻抗的变化转换成电信号。

（3）静电容量型压力传感器　静电容量型压力传感器是将玻璃的固定极和硅的可动极相对而立形成电容，将通过外力（压力）使可动极变形所产生的静电容量的变化转换成电气信号。

（4）压阻式应变传感器　电阻应变片是压阻式应变传感器的主要组成部分之一。金属电阻应变片的工作原理是吸附在基体材料上，应变电阻随机械形变而产生阻值变化的现象，俗称为电阻应变效应。

（5）陶瓷压力传感器　陶瓷压力传感器基于压阻效应，压力直接作用在陶瓷膜片的前表面，使膜片产生微小的形变，厚膜电阻印刷在陶瓷膜片的背面，连接成一个惠斯通电桥，由于压敏电阻的压阻效应，使电桥产生一个与压力成正比的高度线性信号、与激励电压也成正比的电压信号，标准的信号根据压力量程的不同标定为2.0mV/3.0mV/3.3mV等，可以和应变式传感器相兼容。

（6）扩散硅压力传感器　扩散硅压力传感器工作原理也是基于压阻效应，利用此原理，被测介质的压力直接作用于传感器的膜片上（不锈钢或陶瓷），使膜片产生与介质压力成正比的微位移，使传感器的电阻值发生变化，利用电子线路检测这一变化，并转换输出一个对应于这一压力的标准测量信号。

（7）蓝宝石压力传感器　利用应变电阻式工作原理，采用硅-蓝宝石作为半导体敏感元件，使传感器具有良好的计量特性。因此，利用硅-蓝宝石制造的半导体敏感元件对温度变化不敏感，即使在高温条件下，也有着很好的工作特性；蓝宝石的抗辐射特性极强；另外，硅-蓝宝石半导体敏感元件无PN漂移。

（8）压电式压力传感器　压电效应是压电式压力传感器的主要工作原理，压电式压力传感器不能用于静态测量，因为经过外力作用后的电荷，只有在回路具有无限大的输入阻抗时才得到保存。但很多的实际情况不是这样的，所以这决定了压电式压力传感器只能够测量动态的应力。

2. 压力传感器性能参数

压力传感器的种类繁多，其性能也有较大的差异，所以必须学会选择较为适用的传感器，做到经济、合理地使用。

（1）额定压力范围　额定压力范围是满足标准规定值的压力范围，也就是在最高和最低温度之间，传感器输出符合规定工作特性的压力范围。在实际应用时传感器所测压力应在该范围之内。

（2）最大压力范围　最大压力范围是指传感器能长时间承受的最大压力，且不引起输出特性永久性改变。特别是半导体压力传感器，为提高其线性和温度特性，一般都大幅度减小额定压力范围。因此，即使在额定压力以上连续使用，传感器也不会被损坏。一般最大压力是额定压力最高值的 2~3 倍。

（3）损坏压力 损坏压力是指能够加在传感器上且不使传感器元件或传感器外壳损坏的最大压力。

（4）线性度 线性度是指在工作压力范围内，传感器输出与压力之间直线关系的最大偏离。

（5）压力迟滞 为在室温下及工作压力范围内，从最小工作压力和最大工作压力趋近某一压力时，传感器输出的差。

（6）温度范围 压力传感器的温度范围分为补偿温度范围和工作温度范围。补偿温度范围是由于施加了温度补偿，精度进入额定范围内的温度范围。工作温度范围是保证压力传感器能正常工作的温度范围。

3. 压力传感器应用领域

压力传感器主要应用于增压缸、增压器、气液增压缸、气液增压器、压力机、压缩机、空调制冷设备等当中。

（1）应用于液压系统 压力传感器在液压系统中主要是来完成力的闭环控制。当控制阀芯突然移动时，在极短的时间内会形成几倍于系统工作压力的尖峰压力。在典型的行走机械和工业液压中，如果设计时没有考虑到这样的极端工况，任何压力传感器都会被很快破坏，所以很多时候需要使用抗冲击的压力传感器。压力传感器实现抗冲击主要有两种方法，一种是更换为应变式芯片，另一种方法是外接盘管，在液压系统中一般采用第一种方法，主要是因为安装方便。此外还有一个原因是压力传感器还要承受来自液压泵不间断的压力脉动。

（2）应用于安全控制系统 压力传感器在安全控制系统中被经常应用，主要针对的领域是空压机自身的安全管理系统。在安全控制领域有很多传感器应用，压力传感器作为一种非常常见的传感器，应用在安全控制系统中非常普遍。压力传感器在安全控制领域应用一般需要从性能方面及成本方面考虑，还有从实际操作的安全性方便性来考虑，结果证明选择压力传感器的效果非常好。压力传感器利用机械设备的加工技术将一些元件以及信号调节器等装置安装在一块很小的芯片上，所以体积小也是它的优点之一。除此之外，成本低也是它的另一大优点。在一定程度上它能够提高系统测试的准确度。在安全控制系统中，通过在出气口的管道设备中安装压力传感器，在一定程度上控制了压缩机带来的压力，这算是采取了一定的保护措施，所以压力传感器也是非常有效的控制系统。当压缩机正常启动后，如果压力值未达到上限，那么控制器就会打开进气口通过调整压力来使得设备达到最大功率。

（3）应用于注塑模具设备 压力传感器在注塑模具设备中有着重要的作用。压力传感器可被安装在注塑机的喷嘴、热流道系统、冷流道系统和模具的模腔内，它能够测量出塑料在注模、充模、保压和冷却过程中从注塑机的喷嘴到模腔之间某处的塑料压力。

（4）应用于监测矿山压力 传感器技术作为矿山压力监控的关键性技术之一，一方面，应该正确应用已有的各种传感器来为采矿行业服务；另一方面，作为传感器厂家还要研制和开发新型压力传感器来适应更多的采矿行业应用。压力传感器有很多种，而基于矿山压力监测的特殊环境，矿用压力传感器主要有振弦式压力传感器、半导体压阻式压力传感器、金属应变片式压力传感器、差动变压器式压力传感器等，这些传感器在矿产行业都有广泛应用，具体使用哪种传感器还需根据具体的采矿环境进行选择。

（5）应用于促进睡眠　压力传感器本身无法促进睡眠，人们只是将压力传感器放在床垫下，由于压力传感器具有高灵敏度，当人发生翻身动作或传感器接收到心跳以及呼吸等信号时，传感器会分析这一系列信息，去推断人正处于什么状态，然后通过对收到信号的分析，得到心跳和呼吸节奏等睡眠的数据，最后将所有数据进行处理，谱成一段曲目。

（6）应用于压缩机、空调冷设备　压力传感器常用于空气压力机以及空调制冷设备，这类传感器产品外形小巧、安装方便、导压口一般采用专用阀针式设计。

6.3.6　超声波传感器

超声波传感器是将超声波信号转换成其他能量信号（通常是电信号）的传感器，如图 6-13 所示。超声波是振动频率高于 20kHz 的机械波，它频率高、波长短、绕射现象小，特别是方向性好，能够成为射线而定向传播。超声波对液体、固体的穿透本领很大，尤其是在不透明的固体中。超声波碰到杂质或分界面会产生显著反射形成反射成回波，碰到活动物体能产生多普勒效应。目前超声波传感器广泛应用在工业、国防、生物医学等方面。

微视频6-12
超声波传感器

图 6-13　超声波传感器

1. 超声波传感器的组成

常用的超声波传感器主要运用了压电晶片，既可以发射超声波，也可以接收超声波。小功率超声探头多作探测使用，它有许多不同的结构，可分直探头（纵波）、斜探头（横波）、表面波探头（表面波）、兰姆波探头（兰姆波）、双探头（一个探头发射、一个探头接收）等。因此，超声波传感器主要由以下四个部分构成：

1）发送器。通过振子（一般为陶瓷制品，直径约为 15mm）振动产生超声波并向空中辐射。

2）接收器。振子接收到超声波时，根据超声波发生相应的机械振动，并将其转换为电能量，此电能量作为接收器的输出。

3）控制部分。通过集成电路控制发送器的超声波发送，并判断接收器是否接收到信号（超声波），以及已接收信号的大小。

4）电源部分。超声波传感器通常采用电压为 $12V \pm 10\%$ 或 $24V \pm 10\%$ 的外部直流电源供电，电压经内部稳压电路后供给传感器。

2. 超声波传感器的工作原理

超声波传感器主要通过发送超声波并接收超声波来对某些参数或事项进行检测。发送超声波由发送器部分完成，主要利用振子的振动产生超声波并向空中辐射；接收超声波由接收器部分完成，主要接收由发送器发出的超声波并将其转换为电能输出；除此之外，发送器与接收器的动作都受控制部分控制，如控制发送器发出超声波的脉冲连频率、占空比、探测距离等。整体系统的工作也需能量的提供，由电源部分完成。这样，在电源作用及控制部分控制下，通过发送器发送超声波与接收器接收超声波便可完成超声波传感器所需完成的功能。

3. 超声波传感器主要性能指标

超声探头的核心是其塑料外套或者金属外套中的一块压电晶片，构成晶片的材料可以有许多种。晶片的大小，如直径和厚度也各不相同，因此每个探头的性能是不同的，使用前必须预先了解晶片的性能。超声波传感器的主要性能指标包括：

1）工作频率。工作频率就是压电晶片的共振频率。当加到超声波传感器两端的交流电压的频率和晶片的共振频率相等时，输出的能量最大，灵敏度也最高。

2）工作温度。由于压电材料的距离点一般比较高，特别是诊断用超声波探头使用功率较小，所以工作温度比较低，可以长时间地工作而不失效。医疗用的超声探头的温度比较高，需要单独的制冷设备。

3）灵敏度。主要取决于制造晶片本身，机电耦合系数大，灵敏度高；反之，灵敏度低。

4）指向性。超声波传感器探测的范围。

4. 超声波传感器的应用

（1）超声波传感器在医学领域的应用　超声波传感技术应用在生产实践的不同方面，而医学应用是其最主要的应用之一。超声波在医学上的应用主要是诊断疾病，它已经成为临床医学中不可缺少的诊断方法。超声波诊断的优点是受检者无痛苦、无损害，使用方法简便、显像清晰、诊断的准确率高等，因而推广容易，受到医务工作者和患者的肯定。超声波诊断可以基于不同的医学原理，例如利用超声波反射检查身体，当超声波在人体组织中传播遇到两层声阻抗不同的介质界面时，在该界面就产生反射回声。每遇到一个反射面时，回声在示波器的屏幕上显示出来，而两个界面的阻抗差值也决定了回声的振幅高低。

（2）超声波传感器在工业领域的应用　在工业方面，超声波的典型应用是对金属的无损探伤和超声波测厚。过去，许多技术因为无法探测到物体组织内部而受到阻碍，超声波传感技术的出现改变了这种状况。当然更多的超声波传感器是固定地安装在不同的装置上，"悄无声息"地探测人们所需要的信号。在未来的应用中，超声波将与信息技术、新材料技术结合起来，人们将研发更多的智能化、高灵敏度的超声波传感器。

（3）超声波传感器的具体应用

1）超声波传感器可以对集装箱状态进行探测。将超声波传感器安装在塑料熔体罐或塑料粒料室顶部，向集装箱内部发出声波时，就可以据此分析集装箱的状态，如满、空或半满等。

2）超声波传感器可用于检测透明物体、液体，任何表面粗糙、光滑和不规则物体。但不适用于室外、酷热环境或压力罐以及泡沫物体。

3）超声波传感器可以应用于食品加工厂，如塑料包装检测的闭环控制系统。配合新的技术可在潮湿环境如洗瓶机、噪声环境、温度极剧烈变化环境等进行探测。

4）超声波传感器可用于探测液位、探测透明物体和材料，控制张力以及测量距离，主要应用在包装、制瓶、物料搬运、塑料加工以及汽车行业等。超声波传感器可用于流程监控以提高产品质量、检测产品是否有缺陷、确定产品有无以及其他方面。

5. 超声波传感器使用的注意事项

1）为确保可靠性及延长使用寿命，请勿在户外或高于额定温度的地方使用超声波传感器。

2）由于超声波传感器以空气作为传输介质，因此局部温度不同时，分界处的反射和折射可能会导致误动作，有风时检测出的距离也会发生变化。因此，不应在强制通风机之类的设备旁使用超声波传感器。

3）喷气嘴喷出的喷气有多种频率，会影响超声波传感器的检测结果，所以不应在传感器附近使用喷气嘴。

4）超声波传感器表面的水滴缩短了检出距离。

5）细粉末和棉纱一类的材料在吸收声音时，无法被超声波传感器检测出信号（反射型传感器）。

6）不能在真空区或防爆区使用超声波传感器。

7）请勿在有蒸汽的区域使用超声波传感器，原因是此区域的大气不均匀，将会产生温度梯度，从而导致测量错误。

6.3.7 数字传感器

数字传感器是指将传统的模拟传感器经过加装或改造 A/D 转换模块，使之输出信号为数字量（或数字编码）的传感器，如图 6-14 所示。数字传感器一般是指把输入的被测参量直接转换成数字量输出的传感器。它是测量技术、微电子技术和计算技术的综合产物，是传感器技术的发展方向之一。广义地说，所有模拟传感器的输出都可经过数字化转换而得到数字量输出，这种传感器可称为数字系统或广义数字传感器。数字传感器的优点是测量精度高、分辨率高、输出信号抗干扰能力强和可直接输入计算机处理等。

微视频6-13
数字传感器

图 6-14　数字传感器

1. 数字传感器的组成

数字传感器与模拟传感器类似，主要是由敏感元器件、转换元器件、变换电路和辅助电源四个部分组成。具体包括放大器、A/D 转换器、微处理器（CPU）、存储器、通信接口、温度测试电路等。

2. 数字传感器的分类

数字传感器与模拟传感器的分类也相似，根据其基本感知功能分为热敏传感器、光敏传感器、气敏传感器、力敏传感器、磁敏传感器、湿敏传感器、声敏传感器、放射线敏感传感器、色敏传感器和味敏传感器等十大类。而数字传感器相对于模拟传感器就要简单得多，它没有复杂且带有公式的特性曲线，而是输出高电平与低电平信号，相对控制器读取到的是 0 与 1 的信号。

3. 数字传感器优于模拟传感器之处有以下几点

1）模拟传感器容易受到强电干扰（如电焊）和浪涌影响（如雷击），而数字传感器有各种保护电路和防雷击设计，保证了传感器的正常工作。

2）故障报警提示。数字传感器可以通过仪表来时刻监视自身的工作状况，发现某个传感器出现故障时，可以自动报警。

3）一致性好，免标定。数字传感器在物品生产中，已用高精度标准测力机对传感器输出进行了标定，因此可以实现免标定，大大提高了传感器的工作效率。

4）数字传感器本身将模拟量转换成了数字量，省去了单片机的 A/D 转换功能，节约了开发成本并简化了电路结构。

5）传输距离远、通信速度快，防作弊。模拟传感器的 MV 信号太小，容易受射频和电磁干扰，而且在信号传输过程当中由于电缆电阻的影响会造成信号衰减，所以传输距离较短（30m 内）。数字传感器的数字信号的电平则不易受干扰，可按照工业级的现场总线通信协议传输，通信信号强，高速且纠错能力强，由于保密协议，无法对数字传感器称重系统作弊。

以上介绍的传感器只是当前最常见的部分传感器，其实在机器人的应用中，还有很多传感器，比如机器人滑触觉传感器、激光定位传感器、视觉传感器等都在不断地完善发展中，还有部分传感器已经在很多仪器中使用了，但是基于成本原因还没有应用于商业化产品中，比如高精度的力扭矩传感器。所以从机器人传感器的应用过程中可以看出，采用传感器越多的机器人，其功能相对而言更加完善。目前机器人的有些功能还因为各方面原因不够完备，但是使用机器人替代的工作越来越多，未来可以增加更多、更好的传感器及其他部件使机器人智能化程度更高，为人们提供更多更好的服务。

习　题　6

一、选择题

1. 下列电压不是铅酸电池应有伏数系列的是（　　）。

A. 2V　　　　　B. 4V　　　　　C. 8V　　　　　D. 1V

2. 下列不属于铅酸蓄电池应用的是（　　）。

A. 牵引车　　　B. 三轮车　　　C. 电瓶车　　　D. 汽车起动

3. 下列不属于铅酸蓄电池主要特性的是（   ）。

A. 安全密封　　　　B. 有自由酸　　　　C. 泄气系统　　　　D. 使用寿命长

4. 下列机器人控制器类型不是从机器人结构的角度分类的是（   ）。

A. 以单片机为核心的机器人控制系统

B. 以 PLC 为核心的机器人控制系统

C. 以工控机为核心的控制系统

D. 多 CPU 结构、分布式控制方式

5. 下列不属于单片机组成部分的是（   ）。

A. 外围电路　　　　B. 运算器　　　　C. 控制器　　　　D. 寄存器

6. 下列不属于单片机中主要寄存器的是（   ）。

A. 累加器

B. 锁存器

C. 指令寄存器和指令译码器

D. 程序计数器、地址寄存器

7. 下列不属于单片机分类的是（   ）。

A. 通用型/专用型　　　　　　　B. 总线型/非总线型

C. 工控型/家电型　　　　　　　D. 临时型/长期型

8. 单片机的硬件特性有（   ）。

A. 处理功能强，速度快

B. 功耗高，不便于生产便携式产品

C. 控制功能不强

D. 环境适应能力不强

9. 按（   ）方式分类，目前工控机的主要类别有：IPC、PLC、DCS、FCS 及 CNC 五种。

A. 按使用场合分类　　　　　　B. 按高度分类

C. 按长度分类　　　　　　　　D. 按悬挂形式分类

10. 下列不属于光电传感器分类的是（   ）。

A. 槽型光电传感器　　　　　　B. 偏射型光电传感器

C. 反光板型光电开关　　　　　D. 扩散反射型光电开关

11. 下列不属于光电传感器构成部分的是（   ）。

A. 发送器　　　　B. 接收器　　　　C. 检测电路　　　　D. 反馈电路

12. 下列不属于光电传感器应用的是（   ）。

A. X 大气衰减　　　　　　　　B. 条形码扫描笔

C. 光电式烟雾报警器　　　　　D. 测量转速

13. 下列不属于超声波传感器主要构成部分的是（   ）。

A. 发送器　　　　B. 接收器　　　　C. 采集部分　　　　D. 电源部分

14. 超声波传感器主要性能指标有（   ）。

A. 工作频率　　　　B. 工作效率　　　　C. 输入周期　　　　D. 输出周期

二、填空题

1. 移动机器人常用的电池有干电池、铅酸蓄电池、镍镉镍氢电池、_____等。

2. 干电池的三项指标有_____、_____、存放期和自放电率。

3. 常用的铅酸蓄电池主要分三大类：_____、_____、_____。

4. 机器人的外接电源一般分为两大类，一种是_____；另一种是_____。

5. 工业机器人的外接电源一般是由专门的配电柜来提供，而且一般采用的都是_____。

6. 工业机器人的外接电源采用三相/五相制电源中的_____、_____、_____、_____四线供电。若现场没有_____，也可用中性线替代。

7. 机器人控制器的类型，从机器人控制算法的处理方式来看，可分为_____、_____两种结构类型。

8. 按悬挂形式分类，工控机一般有_____与_____。

9. 按长度分类，工控机国际标准的长度有两种，即_____mm与_____mm。

10. _____是采用光电元件作为检测元件的传感器。

11. 色敏传感器的基本特性包括：_____、短路电流比-波长特性、_____。

12. 按照探测机理，红外传感器可分成为：_____和_____。

13. 磁感应传感器特点：高灵敏度、_____、抗干扰性、小型化、集成化、智能、高频特性、_____。

14. 压力传感器分类：_____、_____、_____。

15. 数字传感器主要是由_____、_____、_____和_____四部分组成。

三、简答题

1. 简述关于铅酸蓄电池的安装注意事项。

2. 简述关于铅酸蓄电池的使用注意事项。

3. 简述镍镉电池的主要特征。

4. 简述新型机器人控制器的特色。

5. 举例说明单片机控制器的应用。

6. 简述 PLC 控制器的优缺点。

7. 简述工控机控制器的优缺点。

8. 简述光电传感器的特点。

9. 简述红外传感器的应用。

10. 简述超声波传感器的工作原理。

11. 比较说明数字传感器优于模拟传感器之处。

第7章 智能机器人的应用

智能机器人在人们日常生活中各个方面的应用越来越广泛，如何才能搭建一个智能机器人？本章将学习智能机器人的套件器材和几个典型的机器人创意设计案例，从案例中学习机器人的设计制作流程和安装调试方法，包括机构搭建、电路连接及程序设计等。通过独立设计和搭建制作一个智能机器人，使机器人能够动起来，并完成指定任务，人们能够从中掌握机器人设计开发、安装调试和运行维护的基本技能。

知识目标

1. 掌握智能机器人的搭建、程序设计和运行调试方法。
2. 熟悉图形化开发环境的安装、编程、调试和运行方法。
3. 了解智能机器人设计开发和制作流程。

能力与素质目标

1. 具备团队合作设计、搭建智能机器人，设计程序完成指定任务的能力。
2. 学会正确安装和配置 DOANY 机器人套件开发环境。
3. 具备创新意识、创新精神、创新方法。

7.1 智能机器人套件

DOANY 机器人套件、常用工具和日常工具使用环境如图 7-1~图 7-3 所示。

图 7-1 DOANY 机器人套件

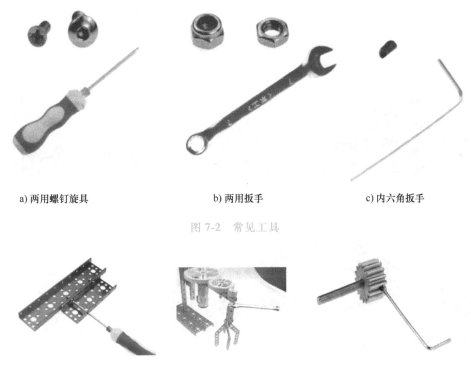

a) 两用螺钉旋具　　　　　b) 两用扳手　　　　　c) 内六角扳手

图 7-2　常见工具

图 7-3　日常工具使用场景

DOANY 机器人套件通过融合机械、电子、软件三者实现多样化创意机器人形态，如图 7-4 所示。

a) 机械(肌肉、骨骼)　　　　b) 电子(大脑、神经)　　　　c) 软件(司令部)

图 7-4　DOANY 机器人套件

7.1.1　套件种类

1. 机械类

DOANY 机器人套件的机械类零件包含扁梁、槽梁、支架、连接板等 300 多种，组装机器人如图 7-5 所示。

1）扁梁。根据宽边孔数（2/3/5/7/9/11）选择，如图 7-6 所示。

2）槽梁。根据侧面孔数（6/8）选择，如图 7-7 所示。

3）常用零件。DOANY 机器人套件的其他常用零件如图 7-8～图 7-17 所示。

图 7-5　组装机器人

图 7-6　扁梁

图 7-7　槽梁

图 7-8　连接板

图 7-9　角支架 3×3

图 7-10　U 型支架图

图 7-11　45°连接板

图 7-12　25 电动机支架

图 7-13　11 孔单连杆

图 7-14　22 孔单连杆

图 7-15　履带

图 7-16　法兰联轴器

图 7-17　齿轮

4）标准零件。DOANY 机器人套件的标准零件如图 7-18~图 7-26 所示。

图 7-18 RJ11 线

图 7-19 MXL 同步带

图 7-20 MXL 同步带轮

图 7-21 隔离柱 M4×30

图 7-22 铆钉

图 7-23 法兰轴承

图 7-24 内六角圆头螺钉

图 7-25 M4 六角螺母

图 7-26 M4 防松动螺母

标准零件的细节说明如图 7-27~图 7-31 所示。

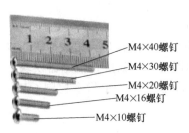

图 7-27 M4 内六角圆头螺钉

图 7-28 轴

图 7-29 M3 十字沉头螺钉

a) 防松动螺母　　b) 普通六角螺母

图 7-30 螺母

a) 轴套　　　　b) 轴承

图 7-31 轴套与轴承

5）直流电机。直流电机是指将直流电能转换成机械能（直流电动机）或将机械能转换成直流电能（直流发电机）的旋转电机，如图 7-32 和图 7-33 所示。它是能实现直流电能和机械能互相转换的电机。执行模块，可用程序控制电机的正/反向转动和转动速度，相同电压下 35RPM 电机的转速较低，力矩较大，165RPM 电机则相反。

图 7-32　25 直流电机 6V/35RPM

图 7-33　25 直流电机 6V/165RPM

6）舵机。舵机一般是指在自动驾驶仪中操纵飞机舵面（操纵面）或车辆转向装置转动的一种执行部件，如图 7-34 所示。舵机可分为：

① 电动舵机。由电动机、传动部件和离合器组成。接受自动驾驶仪的指令信号工作，当人工驾驶时，离合器保持脱开且传动部件不发生作用。

② 液压舵机。由液压作动器和旁通活门组成。当人工驾驶时，旁通活门打开，由于作动器活塞两边的液压互相连通，所以不妨碍人工操纵。此外，还有电动液压舵机，简称"电液舵机"。

舵机选型时主要考虑扭矩大小。

a) 9g小舵机

b) MG995舵机

图 7-34　舵机

2. 电子类

1）主控板（大脑）。

① Pilot 主控板（图 7-35）上的各个接口都贴有不同颜色和数字的标签，套件内的电子模块在接口上方也都贴有不同颜色的标签，使用时可以根据电子模块上的色标找到主控板上对应颜色的接口，用数据线连接主控板和电子模块后就可以在 DOANY 编程平台上使用对应的语句。例如声音传感器模块上贴着紫色标签，所以可以连接主控板的 6、7、8 端口，使用如图 7-36 所示指令控制。M1、

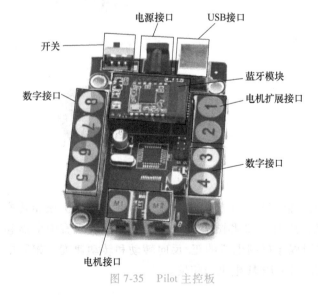

图 7-35　Pilot 主控板

图 7-36　声音传感器控制指令

M2 电机接口可以直接连接电机模块，1、2 电机扩展接口需要配合电机转接模块。

② Rainbot 主控板如图 7-37 所示。Rainbot 主控板外有白色塑料外壳，含 4 个数字接口和两个电机接口，主控板上还集成有红外接收和发射器、蓝牙模块、光敏传感器、按键模块、两个 LED 灯等。

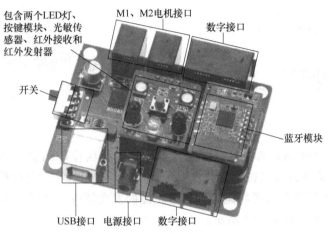

图 7-37 Rainbot 主控板

2）传感模块。DOANY 机器人套件的巡线传感器如图 7-38 所示，主要功能是检测机器人在黑线上还是在黑线外，当在黑线上时，蓝灯熄灭，当在黑线外时，蓝灯亮起。光敏传感器如图 7-39 所示，它是利用光敏元器件将光信号转换为电信号的传感器，数值范围在 0~1000。超声波传感器如图 7-40 所示，它是检测模块，能发送频率高于 20000Hz 的声波，可用来测量距离，测量精度是 1cm。触摸模块如图 7-41 所示，它是基于触摸检测的电容式点动型触摸开关模块，在触摸时使电流流过面板产生一个电压或信号的变化。声音传感器如图 7-42 所示，它是用于接收声波，使话筒内的驻极体薄膜振动，导致电容变化产生微小电压，从而反映声音强度大小的电容式驻极体话筒。

图 7-38 巡线传感器

图 7-39 光敏传感器

图 7-40 超声波传感器

图 7-41 触摸模块

图 7-42 声音传感器

3）通信模块。DOANY 机器人套件的通信模块包括蓝牙模块和红外接收传感器。蓝牙模块已集成在主控板上，使用手机 App 即可遥控，如图 7-43 所示。红外接收传感器接收与之配套的红外遥控器发射的红外信号，如图 7-44 所示。

图 7-43 蓝牙模块

图 7-44 红外接收传感器

4）显示模块。DOANY 机器人套件的显示模块包括四位数码管模块和彩色 LED 模块。四位数码管模块由多个发光二极管封装在一起组成，是显示数字和其他信息的电子设备，如图 7-45 所示。彩色 LED 模块是将电能转化为光能的发光器件，可以高速开关工作，且 4 个 LED 灯可以分别工作，如图 7-46 所示。

图 7-45 四位数码管模块

图 7-46 彩色 LED 模块

5）控制模块。DOANY 机器人套件的控制模块包括四位按键模块、摇杆模块和电位器模块。四位按键模块含 4 个有瞬时按压按钮的物理按键，是模拟量信号，可应用在控制小车移动方向与互动游戏等方面，如图 7-47 所示。摇杆模块是由两个电位器及一个平衡环组成的十字摇杆，如图 7-48 所示。电位器模块是可变电阻器的一种，由电阻与转动系统组成，可以通过旋转模块上的旋钮来改变其数值大小，浮动区间在 0 ~ 1000，如图 7-49 所示。

图 7-47 四位按键模块

图 7-48 摇杆模块

图 7-49 电位器模块

6）色标接线体系。不同的电子模块在接口上方都贴有不同颜色的标签，根据电子模块标签就可以连接主控板上对应颜色的端口，图 7-50 所示为声音传感器可连接在主控板的 6、7、8 端口。

图 7-50 声音传感器与主控板的 6、7、8 端口连接

7) 连接方式。DOANY 机器人套件的连接线与模块如图 7-51 所示。

模块和机械结构连接：模块上白色部分可与机械结构接触，并采用螺钉或铆钉通过预留圆孔固定。

模块和主控板连接：用 RJ11 线连接。

8) Pilot 参考模型。可以利用 DOANY 机器人套件完成如图 7-52 所示的 Pilot 参考模型。

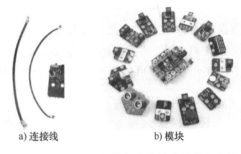

a) 连接线   b) 模块

图 7-51 DOANY 机器人套件的连接线与模块

图 7-52 Pilot 参考模型

7.1.2 结构套件重点梳理

1) 对机械类、电子类零部件的基本认识。

2) 工具的简单操作与使用。

3) 机械作品以及创意改造。

4) 培养学生独立思考、解决问题的能力，及创新能力。

本节通过学习智能机器人结构套件的组成部件，了解各个部件的功能及作用，这也为智能机器人设计活动打下了良好的基础。智能机器人的设计活动是一项培养学生动手及动脑能力的综合活动，学生既要合理地设计、搭建智能机器人，更要设计出优化的程序使智能机器人能更快、更准地完成各项任务。这些特征和要求决定了智能机器人设计活动会成为培养学生创新思维的重要平台，特别是其中的程序设计阶段，学生们对程序的分析、实践、改进和优化的过程，是创造思维能力发展的重要阶段。在智能机器人程序设计的过程中，要培养学生的创造性思维，教师首先应该指导学生学会观察和分析，同时要避免思维程序化，鼓励学生大胆猜想，勇于实践。在不断分析和改进程序的过程中，学生的创造性思维能在潜移默化中得到培养。

7.2 机器人创意设计案例——压路机器人

压路机又称压土机，是一种修路的工程设备，如图 7-53 所示。压路机在工程机械中属于道路设备的范畴，广泛用于高等级公路、铁路、机场跑道、大坝、体育场等大型工程项目的填方压实作业中，可以碾压沙性、半黏性及黏性土壤，路基稳定土及沥青混凝土路面层。

微视频7-2
机器人创意设计案例——压路机器人

图 7-53　压路机

压路机因其机械结构本身的重力作用，适用于各种压实作业，使被碾压层产生永久变形而密实。压路机又分钢轮式和轮胎式两类。

7.2.1　压路机器人搭建

1. 结构分析

压路机器人结构主要由控制器、电池盒、后轮、振动轮等部分组成，它们分别对应机器人的控制系统、动力系统、行走系统以及碾压系统，如图 7-54 所示。

2. 材料清单

材料清单如图 7-55 所示。

3. 搭建步骤

第一步：搭建前轮车架和振动轮。

图 7-54　压路机器人

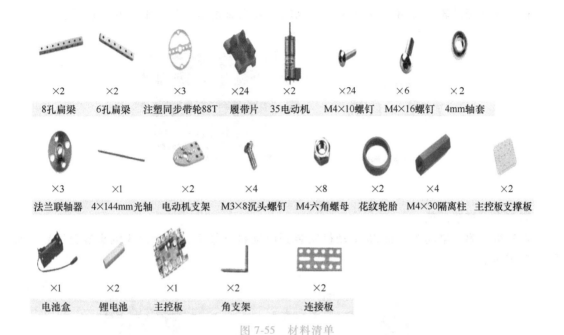

图 7-55　材料清单

首先组装前轮车架，使用 6 孔扁梁、角支架、连接板组装成前轮车架，如图 7-56 所示。

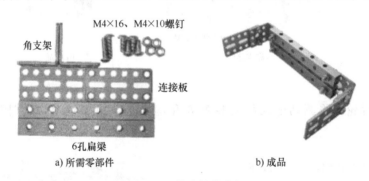

图 7-56　搭建前轮车架

其次组装振动轮，通过法兰联轴器将注塑同步带轮安装到 4×144mm 光轴上，再将履带片安装在注塑同步带轮上，如图 7-57 所示。

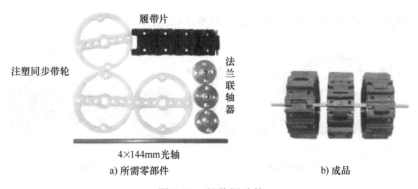

图 7-57　组装振动轮

最后安装振动轮，使用 **4mm** 轴套将振动轮安装到前轮车架上，如图 **7-58** 所示。

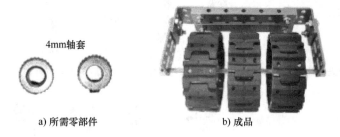

a) 所需零部件   b) 成品

图 7-58　安装振动轮

第二步：搭建后轮。

首先组装驱动电动机，将 **35** 电动机安装到电动机支架上，用 **M3×8** 沉头螺钉固定，如图 **7-59** 所示。

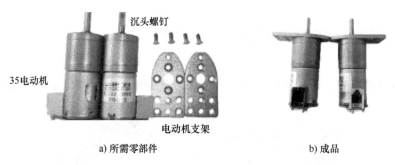

a) 所需零部件   b) 成品

图 7-59　组装驱动电动机

其次组装后轮，将驱动电动机安装到 **8** 孔扁梁上，用 **M4×10** 螺钉固定，如图 **7-60** 所示。

a) 所需零部件   b) 成品

图 7-60　组装后轮

最后安装轮胎，将轮胎安装到后轮上，如图 **7-61** 所示。

a) 所需零部件   b) 成品

图 7-61　安装轮胎

第三步：组装前后轮和安装控制器。

首先组装前后轮，将前后轮使用 8 孔扁梁连接起来，用 M4×40 螺钉穿入锁紧，如图 7-62 所示。

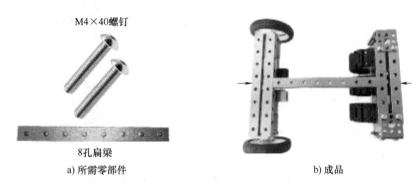

M4×40螺钉

8孔扁梁

a) 所需零部件

b) 成品

图 7-62　组装前后轮

然后组装主控板，主控板四角上的孔与主控板支撑板上合适的孔对齐，用 M4×10 螺钉与螺母对锁固定，如图 7-63 所示。

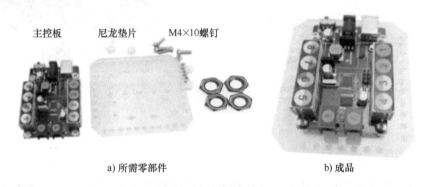

主控板　　尼龙垫片　　M4×10螺钉

a) 所需零部件

b) 成品

图 7-63　组装主控板

接着将电池盒安装到另一块支撑板上，通过隔离柱将两个支撑板重叠安装，隔离柱是中空的并且有螺纹，可以直接用螺钉连接，如图 7-64 所示。

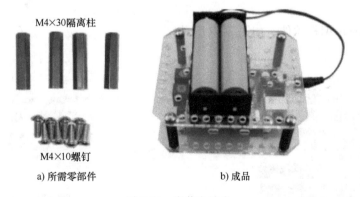

M4×30隔离柱

M4×10螺钉

a) 所需零部件

b) 成品

图 7-64　安装电池盒

最后安装主控板，使用 M4×16 螺钉及螺母将主控板安装到压路车上，如图 7-65 所示。

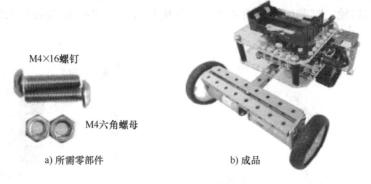

M4×16螺钉

M4六角螺母

a) 所需零部件　　　　　　　　　　b) 成品

图 7-65　安装主控板

第四步：连接线路，完成搭建，如图 7-66 和图 7-67 所示。

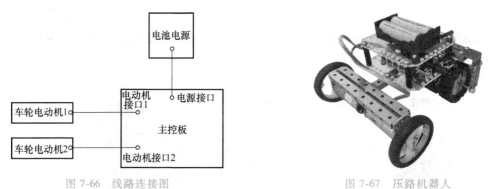

图 7-66　线路连接图　　　　　　　　　图 7-67　压路机器人

7.2.2　压路机器人驱动

压路机器人使用直流电机驱动，直流电机是指能将直流电能转换成机械能（作为直流电动机）或将机械能转换成直流电能（作为直流发电机）的旋转电机，如图 7-68 所示。直流电机通电转动，无电停止，完成极为简单的转动。

7.2.3　软件安装

1）下载 Doany 编程软件，如图 7-69 所示。

SetupV1.0.exe

图 7-68　25 直流电机 6V/165RPM　　　　　图 7-69　下载 Doany 编程软件

2）双击图标后打开窗口，如图 7-70 所示。

3）单击"下一步"按钮，如图 7-71 所示。

图 7-70 初始界面

图 7-71 准备安装

4）单击"更改"按钮可更改下载路径，更改后单击"下一步"按钮，如图 7-72 所示。

5）单击"安装"按钮，如图 7-73 所示。

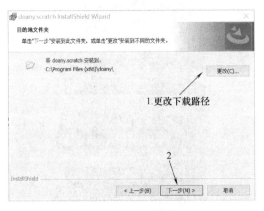

图 7-72 更改下载路径

图 7-73 安装软件

6）软件安装需要等待几分钟，如图 7-74 所示。

7）单击"完成"按钮，如图 7-75 所示。

图 7-74 安装过程

图 7-75 软件安装完成

8）至此软件安装完成，图标如图 7-76 所示。

图 7-76　安装完成

7.2.4　程序下载

压路机器人程序分析如图 7-77 所示。

示范代码如图 7-78 所示。

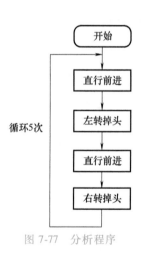

图 7-77　分析程序

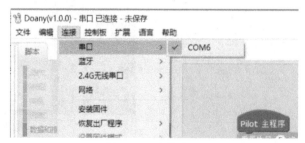

图 7-78　示范代码

压路机器人程序下载步骤如下：

1）下载线与主控板连接，单击窗口中的连接→串口→COM6，如图 7-79 所示。

图 7-79　连接串口

2）单击窗口中的"上传到 Arduino"按钮，如图 7-80 所示。

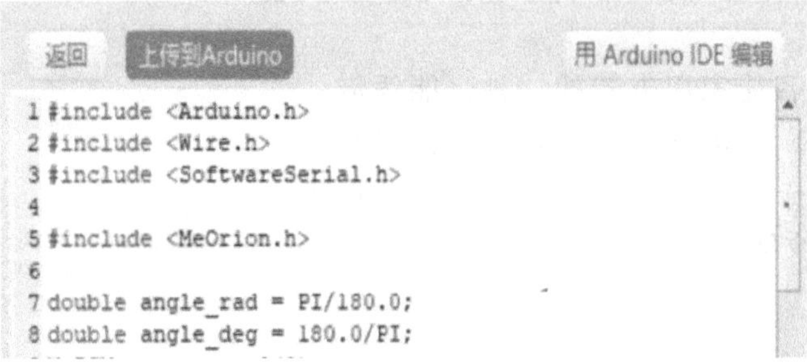

图 7-80　上传程序

3）窗口显示"上传中"，如图 7-81 所示。

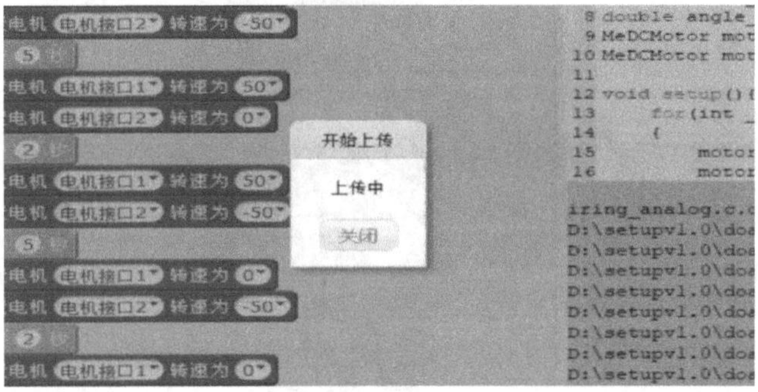

图 7-81　上传中

4）几秒钟后窗口显示"上传完成"，如图 7-82 所示。

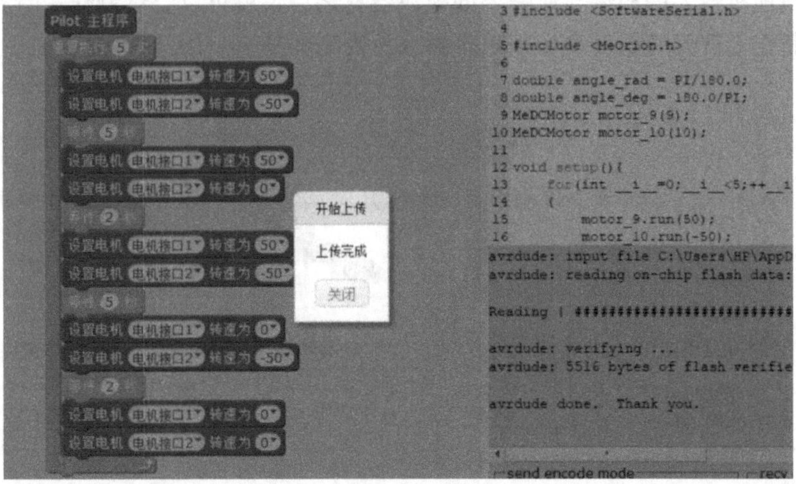

图 7-82　上传完成

7.2.5　拓展任务

读者可以思考怎么改造压路机器人，使其工作效率更高。

7.3 机器人创意设计案例——扫地机器人

扫地机器人是智能家用电器的一种，能凭借一定的人工智能技术，自动在房间内完成地板清理工作。其一般采用刷扫和真空吸附方式将地面杂物吸纳进入自身的垃圾收纳盒中，完成地面清理的工作，如图 7-83 所示。

微视频7-3
机器人创意设
计案例——
扫地机器人

图 7-83　扫地机器人

7.3.1　扫地机器人搭建

首先了解扫地机器人的构造与所需要的模块器材，如图 7-84 所示。

电源

控制器——主控板

超声波传感器

驱动装置——电动机

车身支架

后轮

图 7-84　扫地机器人的构造与所需模块器材

了解完扫地机器人的构造与所需要的模块器材之后，就可以尝试制作一台扫地机器人。在正式制作之前先准备好制作扫地机器人所需零部件，如图 7-85 所示。

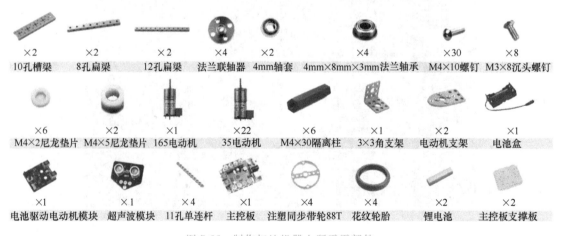

| ×2 | ×2 | ×2 | ×4 | ×2 | ×4 | ×30 | ×8 |
| 10孔槽梁 | 8孔扁梁 | 12孔扁梁 | 法兰联轴器 | 4mm轴套 | 4mm×8mm×3mm法兰轴承 | M4×10螺钉 | M3×8沉头螺钉 |

| ×6 | ×2 | ×1 | ×22 | ×6 | ×1 | ×2 | ×1 |
| M4×2尼龙垫片 | M4×5尼龙垫片 | 165电动机 | 35电动机 | M4×30隔离柱 | 3×3角支架 | 电动机支架 | 电池盒 |

| ×1 | ×1 | ×4 | ×1 | ×4 | ×4 | ×2 | ×2 |
| 电池驱动电动机模块 | 超声波模块 | 11孔单连杆 | 主控板 | 注塑同步带轮88T | 花纹轮胎 | 锂电池 | 主控板支撑板 |

图 7-85　制作扫地机器人所需零部件

1. 搭建扫地机器人底座支架

使用 10 孔槽梁、8 孔扁梁、M4×16 螺钉搭建扫地机器人底座支架，如图 7-86 所示。

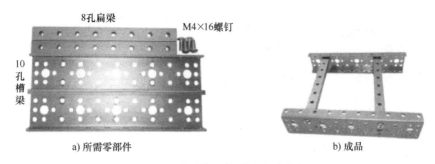

图 7-86 搭建扫地机器人底座支架

2. 搭建扫地机器人后轮

1）安装驱动电动机，使用两颗沉头螺钉将电动机固定到电动机支架上，注意两个电动机呈镜像组装，如图 7-87 所示。

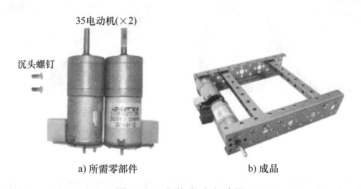

图 7-87 安装驱动电动机

2）组装扫地机器人的后轮，如图 7-88 所示。

3）将后轮安装到扫地机器人的底盘上，如图 7-89 所示。

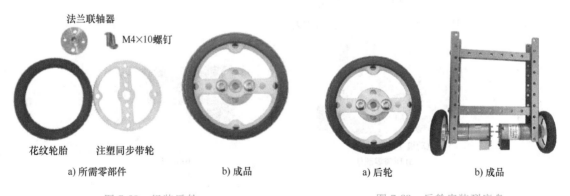

图 7-88 组装后轮　　　　　　　　　　　　图 7-89 后轮安装到底盘

3. 搭建扫地机器人前轮

1）搭建前轮支架，先将法兰联轴器安装到底盘上，再将光轴固定到法兰联轴器上，如图 7-90 所示。

2）安装前轮轮胎，将前轮安装到光轴上，使用轴套固定，如图 7-91 所示。

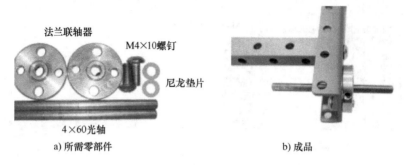

图 7-90　搭建前轮支架

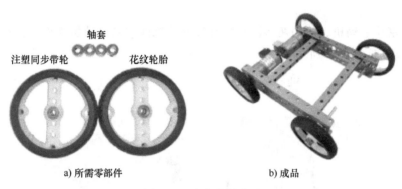

图 7-91　安装前轮轮胎

4. 搭建扫地装置

1）先将电动机安装到电动机支架上，再通过法兰联轴器将 11 孔单连杆安装到电动机转轴上，如图 7-92 所示。

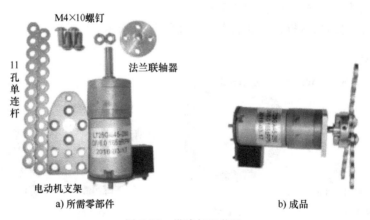

图 7-92　搭建扫地装置

2）安装扫地装置，将扫地装置安装到扫地机器人的底盘支架上，如图 7-93 所示。

5. 搭建电池盒与主控板

1）安装主控板支架，将 12 孔扁梁安装到扫地机器人底盘支架上，如图 7-94 所示。

2）组装主控板，主控板四角上的孔与主控板支撑板上合适的孔对齐，用螺钉固定，如图 7-95 所示。

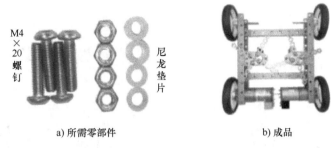

M4
×
20
螺
钉

尼
龙
垫
片

a) 所需零部件　　　　　　　　b) 成品

图 7-93　扫地装置安装到底盘支架

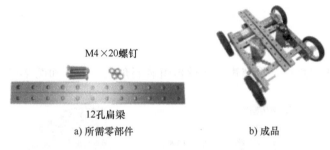

M4×20螺钉

12孔扁梁

a) 所需零部件　　　　　　　　b) 成品

图 7-94　安装主控板支架

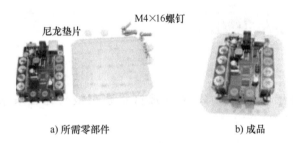

尼龙垫片　　　　　　　M4×16螺钉

a) 所需零部件　　　　　　　　b) 成品

图 7-95　组装主控板

3）将电池盒安装到主控板上，隔离柱是中空的并且有螺纹，可以直接拧螺钉。隔离柱安装在其中一块支撑板的 4 个角上，另一块支撑板对应安装上去，如图 7-96 所示。

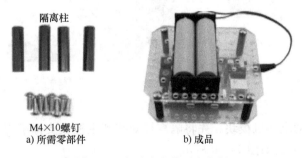

隔离柱

M4×10螺钉
a) 所需零部件　　　　　　　　b) 成品

图 7-96　电池盒安装到主控板

4）安装主控板，使用 M4×16 螺钉将主控板安装到车身支架上，如图 7-97 所示。

a) 所需零部件   b) 成品

图 7-97　安装主控板

6. 安装传感器与接线

1）组装超声波传感器，将超声波传感器组装到角支架上，如图 7-98 所示。

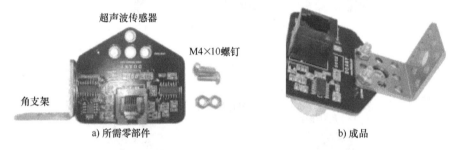

a) 所需零部件   b) 成品

图 7-98　组装超声波传感器

2）安装超声波传感器，使用 M4×16 螺钉将超声波传感器安装到底盘支架上，如图 7-99 所示。

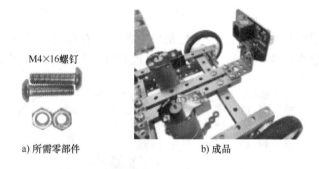

a) 所需零部件   b) 成品

图 7-99　超声波传感器安装到底盘支架

3）安装电池驱动电动机模块，先将隔离柱安装到主控板支撑板上，再将电池驱动电动机模块安装到隔离柱上，如图 7-100 所示。

7. 线路连接

线路连接如图 7-101 所示，组装完成的扫地机器人如图 7-102 所示。

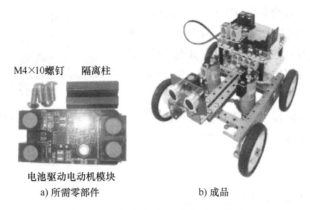

M4×10螺钉　隔离柱

电池驱动电动机模块

a) 所需零部件　　　　　　b) 成品

图 7-100　安装电池驱动电动机模块

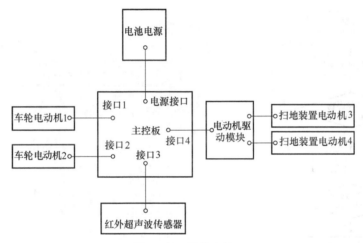

图 7-101　线路连接

图 7-102　组装完成的扫地机器人

7.3.2　扫地机器人模块

1. 超声波模块

超声波是振动频率高于 20000Hz 的机械波，它具有频率高、波长短、绕射现象小，特别是方向性好、能够成为射线而定向传播等特点。超声波碰到杂质或分界面会产生显著反射形成反射回波，碰到活动物体能产生多普勒效应。超声波传感器正广泛应用在工业、国防、生物医学等方面，它是将超声波信号转换成其他能量信号（通常是电信号）的传感器，如图 7-103 所示。

图 7-103　超声波传感器

2. 需要思考的内容

1）怎么设计扫地机器人的清扫路线更高效？

2）如何使扫地机器人避开障碍物？

7.3.3　扫地机器人代码示范

扫地机器人程序分析如图 7-104 所示。

扫地机器人程序示范代码如图 7-105 所示。

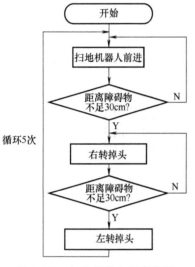

图 7-104　扫地机器人程序分析

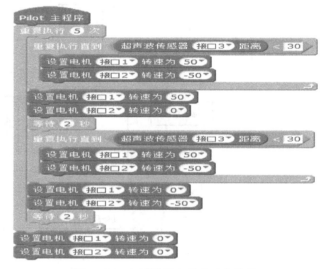

图 7-105　扫地机器人程序示范代码

7.3.4　拓展任务

编写程序，规划扫地机器人的清扫路线如图 7-106a 所示，比比谁的扫地机器人扫地又快又干净。

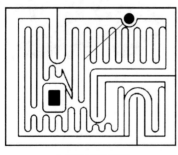

a) 规划式清扫路线

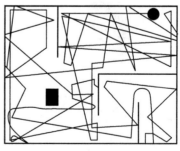

b) 随机式清扫路线

图 7-106　扫地机器人的清扫路线

7.4　机器人创意设计案例——猜拳机器人

猜拳机器人如图 7-107 和图 7-108 所示。

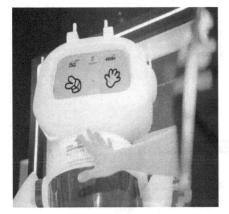

图 7-107　会猜拳的机器人

图 7-108　不会输的猜拳机器人

微视频7-4
机器人创意设
计案例——
猜拳机器人

7.4.1　猜拳机器人结构分析

正与人猜拳的猜拳机器人及其结构分析如图 7-109 和图 7-110 所示。

图 7-109　正与人猜拳的猜拳机器人

1. 石头、剪刀、步三种手势 　　→　　 1. 三个舵机
2. 识别器 　　　　　　　　　　　　　 2. 触摸模块
3. 遥控器 　　　　　　　　　　　　　 3. 控制器

图 7-110　猜拳机器人的结构分析

猜拳机器人的构造与所需要的模块器材如图 7-111 所示。

7.4.2　猜拳机器人搭建

1. 搭建支架

把 8 孔扁梁固定到 10 孔槽梁上，将两块 10 孔槽梁通过 8 孔扁梁连接起来如图 7-112 所示。

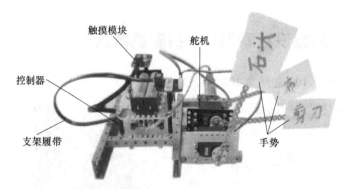

图 7-111　猜拳机器人的构造与所需模块

图 7-112　搭建支架

2. 安装舵机和电动机

将法兰联轴器与11孔单连杆连接（图7-113a），11孔单连杆上贴有"布""石头""剪刀"的纸条，法兰联轴器与舵机连接（图7-113b），将其三部分都接在主体支架上，如图7-113c所示。

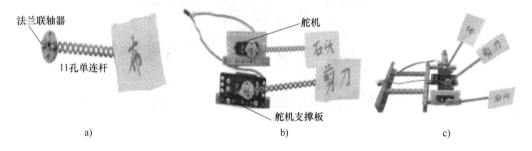

图 7-113　安装舵机和电动机

3. 搭建电池盒与主控板

1）组装主控板，主控板四角上的孔与主控板支撑板上合适的孔对齐，用螺钉固定，如图7-114所示。

2）将电池盒安装到主控板上，隔离柱是中空的并且有螺纹，可以直接拧螺钉。隔离柱安装在其中一块支撑板的四个角上，另一块支撑板对应安装上去，如图7-115所示。

3）把组装好的主控板和电池盒固定到车架上，如图7-116所示。

4. 安装传感器

将超声波传感器、红外传感模块及红外传感器接收头组装到整体车体构架上，如图7-117所示。

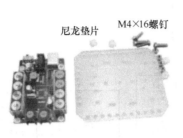

尼龙垫片　M4×16螺钉

a) 所需零部件　　　　　　　b) 成品

图 7-114　组装主控板

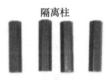

隔离柱

M4×10螺钉

a) 所需零部件　　　　　　　b) 成品

图 7-115　电池盒安装到主控板

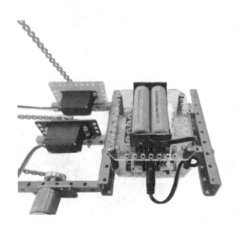

图 7-116　主控板和电池盒固定到车架　　　　　图 7-117　安装传感器

5. 线路连接

线路连接如图 7-118 所示，组装完成的猜拳机器人如图 7-119 所示。

7.4.3　猜拳机器人各组成模块

1. 直流电动机

直流电动机只能控制正转/反转，即只能模糊地控制转速。其实物如图 7-120 所示。

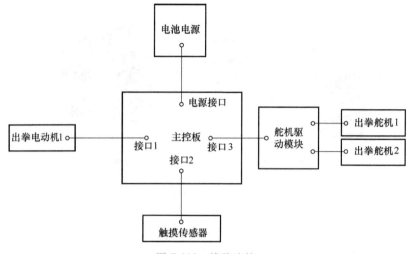

图 7-118　线路连接

图 7-119　组装完成的猜拳机器人

图 7-120　直流电动机

2. 伺服电动机

伺服电动机如图 7-121 所示，其三环（电流环、速度环、位置环）控制原理及参数调节如下。

1）电流环：电流环的输入信号是速度环 PID 调节后的输出信号，可称为"电流环给定"。这个信号给定值和"电流环的反馈"信号值进行比较后的差值，在电流环内做 PID 调节，再输出给电动机，"电流环的输出"就是电动机每相的相电流。"电流环的反馈"不是编码器的反馈而是在驱动器内部安

图 7-121　伺服电动机

装在每相的霍尔元件（磁场感应变为电流电压信号）反馈给电流环的。

2）速度环：速度环的输入信号就是位置环 PID 调节后的输出信号以及位置设定的前馈值，可称为"速度设定"，这个"速度设定"信号数值和"速度环反馈"信号数值进行比较后的差值在速度环做 PID 调节（主要是比例增益和积分处理）后，输出的信号就是上面讲到的"电流环的给定"信号。速度环的反馈是编码器反馈后的数值经过"速度运算器"得到的。

3）位置环：位置环的输入就是外部的脉冲（通常情况下，直接写数据到驱动器地址的伺服例外），外部的脉冲信号经过平滑滤波处理和电子齿轮计算后作为"位置环的设定"信号，设定信号和来自编码器反馈的脉冲信号经过偏差计数器的计算后的数值，在经过位置环的 PID 调节（比例增益调节，无积分、微分环节）后输出的信号和位置给定的前馈信号的合值，就构成了上面讲的速度环的给定信号。位置环的反馈也来自于编码器。

编码器安装于伺服电动机尾部，它和电流环没有直接反馈联系，因为它的采样来自于电动机的转动而不是电动机电流。而电流环是在驱动器内部形成的，即使没有电动机，只要在每相上安装模拟负载（例如电灯泡），电流环就能形成反馈工作。

3. 步进电动机

步进电动机作为执行元件，是机电一体化的关键产品之一，广泛应用在各种自动化控制系统中，实物如图 7-122 所示。随着微电子和计算机技术的发展，各行业对步进电动机的需求量与日俱增，在各个国民经济领域都有应用。所以对步进电动机不能仅限于认识，应该深入了解它的结构、基本原理以及应用。

步进电动机基本结构一般包括前/后端盖、轴承、中心轴、转子铁心、定子铁心、定子组件、波纹垫圈、螺钉等部分。

图 7-122　步进电动机

4. 舵机

舵机如图 7-123 所示，类型包括：①电动舵机，由电动机、传动部件和离合器组成，接受自动驾驶仪的指令信号工作，当人工驾驶时，由于离合器保持脱开而传动部件不发生作用。②液压舵机，由液压作动器和旁通活门组成，当人工驾驶时，旁通活门打开，由于作动器活塞两边的液压互相连通，并不妨碍人工操纵。此外，还有电动液压舵机，简称"电液舵机"。

舵机选型时主要考虑扭矩大小。如何审慎地选择经济且符合需求的舵机，也是一个不可忽视的问题。有时舵机可以视为伺服电动机的简化版本，但其精度不如伺服电动机。

5. 触摸传感器

触摸传感器如图 7-124 所示，在触摸屏的四个端点 RT、RB、LT、LB 均加入一个均匀电

图 7-123　舵机

图 7-124　触摸传感器

场，使其下层（氧化铟）ITO GLASS 上布满一个均匀电压，上层为收接信号装置，当电笔或手指按压在四个端点上的任一点时，在手指按压处，控制器会检测到电阻产生变化，进而改变坐标。

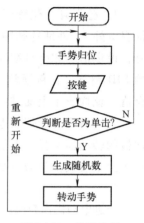

图 7-125　程序分析

7.4.4　猜拳机器人代码示范

编写好程序让机器人能够随机出拳，程序分析如图 7-125 所示，代码请自行编写可实现的功能如下：

1）通过触摸按钮，结合程序实现单击、双击效果。

2）利用 math 库生成随机数。

3）控制舵机、电动机旋转。

7.5　机器人创意设计案例——叉车机器人

叉车是工业搬运车辆，是指对成件托盘货物进行装卸、堆垛和短距离运输作业的各种轮式搬运车辆，如图 7-126 所示。国际标准化组织工业车辆技术委员会（ISO/TC110）将叉车称为工业车辆，常用于仓储大型物件的运输，通常使用燃油机或者电池驱动。

微视频7-5
机器人创意设计案例——叉车机器人

图 7-126　叉车

7.5.1　叉车机器人搭建

叉车的构造与所需要的模块器材如图 7-127 所示。

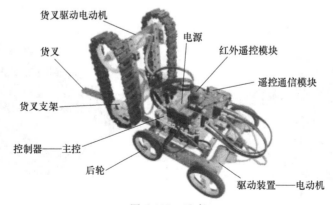

图 7-127　叉车

材料清单如图 7-128 所示。

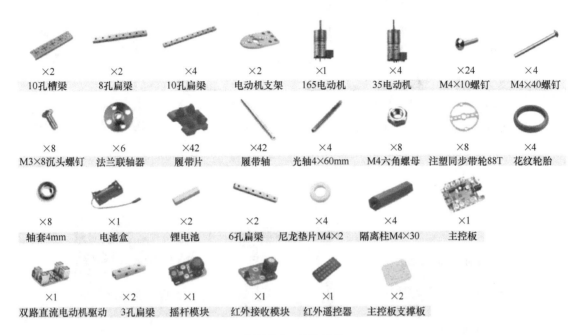

×2	×2	×4	×2	×1	×4	×24	×4
10孔槽梁	8孔扁梁	10孔扁梁	电动机支架	165电动机	35电动机	M4×10螺钉	M4×40螺钉
×8	×6	×42	×42	×4	×8	×8	×4
M3×8沉头螺钉	法兰联轴器	履带片	履带轴	光轴4×60mm	M4六角螺母	注塑同步带轮88T	花纹轮胎
×8	×1	×2	×2	×4	×4	×1	
轴套4mm	电池盒	锂电池	6孔扁梁	尼龙垫片M4×2	隔离柱M4×30	主控板	
×1	×2	×1	×1	×1	×2		
双路直流电动机驱动	3孔扁梁	摇杆模块	红外接收模块	红外遥控器	主控板支撑板		

图 7-128　材料清单

搭建步骤示范:

1. 搭建车身底盘支架

组装车身底座支架,使用 M4×10 螺钉将 10 孔槽梁和 8 孔扁梁组装成底盘支架,如图 7-129 所示。

2. 搭建叉车后轮

组装后轮,将法兰联轴器、注塑同步带轮、花纹轮胎安装到一起,如图 7-130 所示。

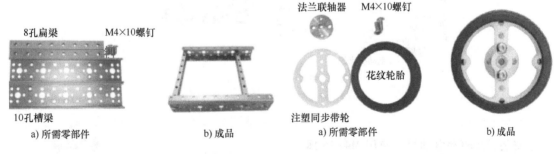

a) 所需零部件	b) 成品	a) 所需零部件	b) 成品
图 7-129　组装车身底座支架		图 7-130　组装后轮	

安装后轮支架,使用轴套将光轴固定到底座支架上,如图 7-131 所示。

3. 安装前轮

搭建前轮,使用轴套将前轮安装到前轮支架上,如图 7-132 所示。

搭建货叉支架,先将两根 10 孔扁梁安装到底盘支架上,再将两根扁梁垂直安装到底座上,如图 7-133 所示。

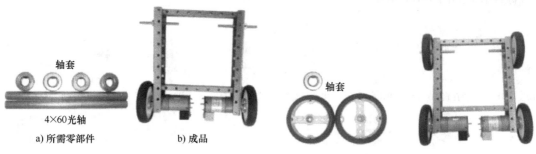

轴套

4×60光轴

a) 所需零部件　　　　b) 成品

图 7-131　安装后轮支架

轴套

图 7-132　搭建前轮

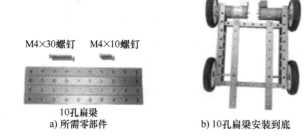

M4×30螺钉　　M4×10螺钉

10孔扁梁

a) 所需零部件　　　b) 10孔扁梁安装到底　　　c) 10孔扁梁垂直安装到底座上

图 7-133　搭建货叉支架

组装货叉驱动电动机，将电动机安装到电动机支架上，再通过联轴器将注塑带轮安装到电动机转轴上，如图 7-134 所示。

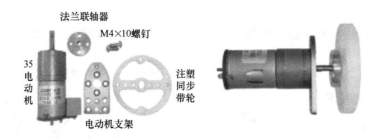

法兰联轴器

M4×10螺钉

35电动机

电动机支架

注塑同步带轮

图 7-134　组装货叉驱动电动机

4. 安装货叉

安装货叉驱动电动机，使用 M4×16 螺钉将电动机安装到货叉支架上，如图 7-135 所示。

安装注塑带轮，对应货叉驱动电动机的位置先安装 3 孔扁梁，再将注塑带轮安装到扁梁上，位置对应另一侧电动机，如图 7-136 所示。

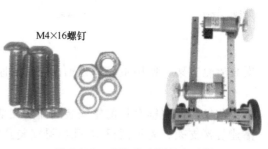

M4×16螺钉

图 7-135　安装货叉驱动电动机

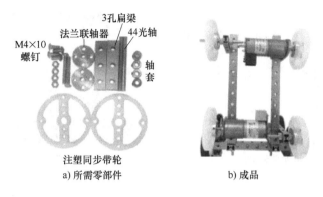

图 7-136　安装注塑带轮

安装履带，将履带轴与履带片组装好后，再将其安装到注塑带轮上，如图 7-137 所示。

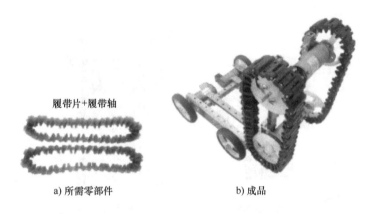

图 7-137　安装履带

组装主控板支架，使用 M4×10 螺钉将主控板安装到车身支架上，如图 7-138 所示。

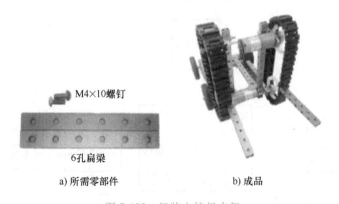

图 7-138　组装主控板支架

5. 安装主控装置

组装主控板，将主控板四角上的孔与主控板支撑板上合适的孔对齐，再用螺钉固定，如图 7-139 所示。

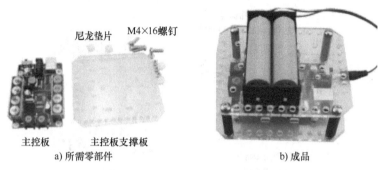

a) 所需零部件   b) 成品

图 7-139 组装主控板

将电池盒安装到主控板上，隔离柱是中空的并且有螺纹，所以可以直接拧紧螺钉。将隔离柱安装在其中一块支撑板的四个角上，再将另一块支撑板对应安装上去，如图 7-140 所示。

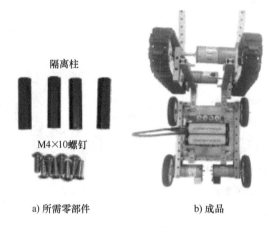

a) 所需零部件   b) 成品

图 7-140 电池盒安装到主控板

线路连接如图 7-141 所示，搭建完成的叉车如图 7-142 所示。

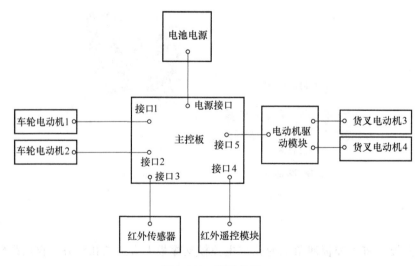

图 7-141 线路连接

图 7-142　叉车搭建完成

7.5.2　叉车机器人组装模块

1. 红外遥控模块

红外遥控模块由红外发射遥控器和红外接收模块组成，如图 7-143 所示；按下遥控器的某一个键，遥控器会发出一连串经过调制后的信号，这个信号经过红外一体化模块接收后，输出解调后的数字脉冲信号。遥控器的每个按键按下后对应输出不同的脉冲信号，故根据不同的脉冲信号就能判断出对应的按键。

红外遥控模块具有抗干扰能力强，信息传输可靠，功耗低，成本低，易实现传输目标等显著优点。

a) 红外接收模块

b) 红外发射遥控器

图 7-143　红外遥控模块

2. 摇杆控制模块

摇杆模块可以输出 2 轴模拟（X，Y）和 1 路数字输入（Z），摇杆左右动作代表 X 轴方向，前后动作代表 Y 轴方向，垂直上下动作代表 Z 轴方向，实物如图 7-144 所示。可以把摇杆控制模块看作按钮和两个电位器（前后或左右各一个）的组合，电位器输出模拟信号，Z 轴方向动作输出数字信号（0 或 1）。

3. 模拟信号

模拟信号是指用连续变化的物理量表示的信息，其

图 7-144　摇杆控制模块

信号的幅度、频率或相位随时间作连续变化，或在一段连续的时间间隔内，其代表信息的特征量可以在任意瞬间呈现为任意数值的信号。模拟信号在传输过程中，先把信息信号转换成几乎"一模一样"的波动电信号，所以称为"模拟"。之后将信号传输出去，波动电信号再通过接受设备被还原成信息信号。

4. 数字信号

数字信号抗干扰能力前，通信保密性强。

5. 红外遥控器

红外遥控器的按钮编码如图 7-145 所示。

名称	编码	名称	编码	名称	编码
A	69	B	70	C	71
D	68	E	67	F	13
UP	64	Down	25	Left	7
Right	9	Enter	21	0	22
1	12	2	24	3	94
4	8	5	28	6	90
7	66	8	82	9	74

图 7-145　红外遥控器的按钮编码

7.5.3　叉车机器人编程示范

编程思路提示：可以利用摇杆模块来控制叉车的前后/左右移动；也可以利用红外遥控器控制叉车的移动和货叉的升降。

程序示例如下：

摇杆控制代码的程序如图 7-146 所示。

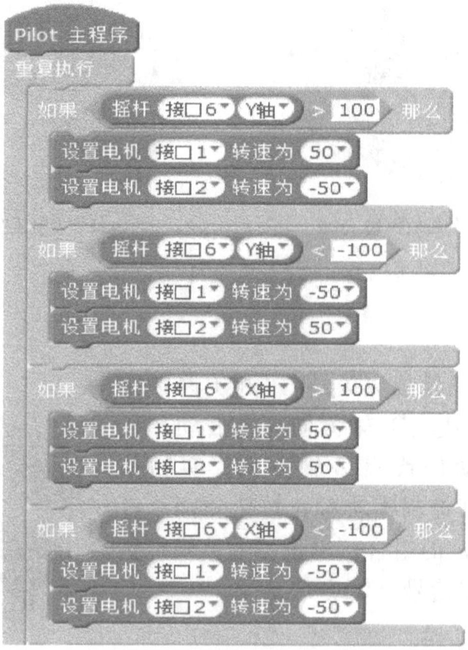

图 7-146　摇杆控制代码

红外控制代码的程序如图 7-147 所示。

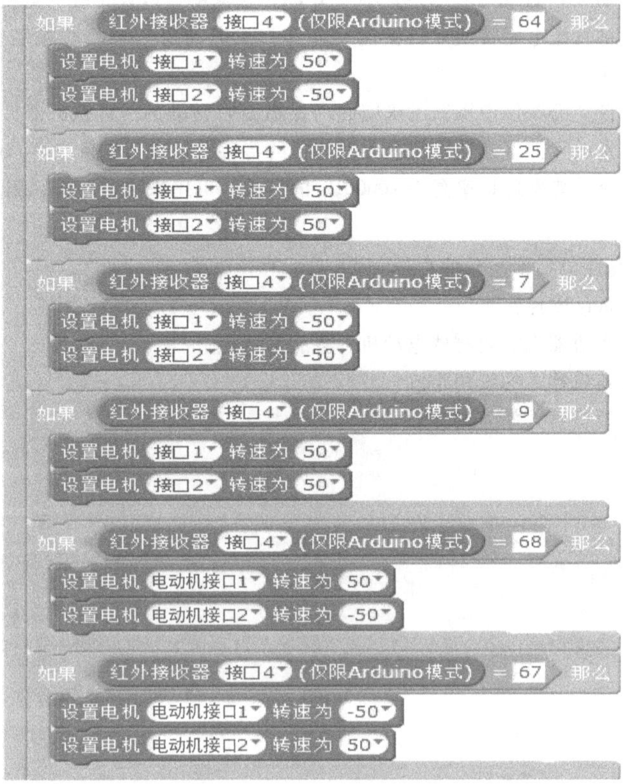

图 7-147　红外控制代码

停止代码的程序如图 7-148 所示。

图 7-148　停止代码

7.5.4　拓展任务

认真思考并编写程序，需使用控制叉车堆垛货物。

根据所学内容思考是否还可以用叉车实现其他工作目的。

习　题　7

一、填空题

1. DOANY 机器人套件通过融合＿＿＿＿＿、＿＿＿＿＿、＿＿＿＿＿三者相结合实现多样化创意机器人形态。

2. 扁梁是_____的梁，扁梁高跨比不宜小于1/20，且宽度可以大于柱的宽度。

3. _____是指能将直流电能转换成机械能（作为直流电动机）或将机械能转换成直流电能（作为直流发电机）的旋转电机。

4. _____是指在自动驾驶仪中操纵飞机舵面（操纵面）转动的一种执行部件。

5. _____是利用光敏元件将光信号转换为电信号的传感器，数值范围在0~1000。

6. _____检测模块，能发送频率高于20000Hz的声波，可用来测量距离，测量范围是1cm。

二、简答题

1. DOANY 机器人套件包括哪些元件？

2. 简述如何安装 Doany 软件？

3. 简述创意设计叉车机器人需要哪些电动机，各有何特点。

4. 简述创意设计压路机器人的结构组成。

5. 简述创意设计扫地机器人如何避开障碍物。

参 考 文 献

［1］ 樊泽明，吴娟，任静，等. 机器人学基础 ［M］. 北京：机械工业出版社，2021.

［2］ 蔡自兴，谢斌. 机器人学 ［M］. 4 版. 北京：清华大学出版社，2022.

［3］ 张春芝，石志国. 智能机器人技术基础 ［M］. 北京：机械工业出版社，2023.

［4］ 李云江. 机器人概论 ［M］. 3 版. 北京：机械工业出版社，2022.

［5］ 芮延年，徐绪炯. 机器人技术及其应用 ［M］. 北京：化学工业出版社，2008.

［6］ 林以敏. 机器人制作 ［M］. 北京：机械工业出版社，2008.